高职高专计算机任务驱动模式教材

SQL Server 数据库应用入门

（项目式+微课版）

主 编／李武韬 文 瑛 吴 超

清华大学出版社
北 京

内 容 简 介

本书基于“项目导向、任务驱动”的项目化教学模式编写而成，并且适当地融入思政元素，体现“基于工作过程”“教、学、做”一体化的教学理念。本书以 SQL Server 2012 为平台，内容划分为 12 个项目，具体内容包括数据库基础和认识 SQL Server，创建和管理数据库，创建和管理表以及操作表中的数据，使用约束实现数据完整性，查询数据，使用视图筛选数据，使用索引快速检索数据，使用存储过程操作数据，使用触发器实现数据完整性，SQL Server 安全性管理，数据库的备份与还原，数据库的简单应用开发。每个项目案例按照“项目目标”→“知识准备”→“任务划分”→“拓展训练”四部分展开。读者能够通过项目案例完成相关知识的学习和技能的训练。每个项目案例均来自生活实践，具有典型性、实用性、趣味性和可操作性。

本书突出实践技能的培养，每个项目之后都有拓展训练，包括上机实践题和理论题，所有的项目前后衔接，综合性地贯穿全书，实践题内容也是仿照项目前后衔接，贯穿在一起，以加深学生对基础知识的理解和实践技能的掌握。本书配套资源丰富，除微课及操作演示视频外，还包括电子课件、项目源代码、拓展训练答案等。

本书图文并茂、浅显易懂、体系完整、适合教学，可作为职业本科和高职高专院校“计算机网络技术”课程的教学用书，也可作为成人高校、各类培训机构、计算机从业人员和爱好者的参考用书。

图书在版编目（CIP）数据

SQL Server 数据库应用入门：项目式＋微课版/李武韬，文瑛，吴超主编. —北京：清华大学出版社，2023.5

高职高专计算机任务驱动模式教材

ISBN 978-7-302-63258-0

Ⅰ. ①S… Ⅱ. ①李… ②文… ③吴… Ⅲ. ①关系数据库系统－高等职业教育－教材 Ⅳ. ①TP311.138

中国国家版本馆 CIP 数据核字（2023）第 058766 号

责任编辑：张龙卿
封面设计：曾雅菲　徐巧英
责任校对：袁　芳
责任印制：沈　露

出版发行：清华大学出版社
网　　址：http://www.tup.com.cn，http://www.wqbook.com
地　　址：北京清华大学学研大厦 A 座　　**邮　　编**：100084
社 总 机：010-83470000　　**邮　　购**：010-62786544
投稿与读者服务：010-62776969，c-service@tup.tsinghua.edu.cn
质量反馈：010-62772015，zhiliang@tup.tsinghua.edu.cn
课件下载：http://www.tup.com.cn，010-83470410
印 装 者：天津安泰印刷有限公司
经　　销：全国新华书店
开　　本：185mm×260mm　　**印　　张**：11.75　　**字　　数**：282 千字
版　　次：2023 年 7 月第 1 版　　**印　　次**：2023 年 7 月第1次印刷
定　　价：45.00 元

产品编号：100516-01

前　言

习近平总书记在党的"二十大"报告中指出：教育、科技、人才是全面建设社会主义现代化国家的基础性、战略性支撑。必须坚持科技是第一生产力、人才是第一资源、创新是第一动力，深入实施科教兴国战略、人才强国战略、创新驱动发展战略，这三大战略共同服务于创新型国家的建设。职业教育与经济社会发展紧密相连，对促进就业创业、助力经济社会发展、增进人民福祉具有重要意义。

《SQL Server 2008 数据库应用入门(项目教学版)》一书出版后，承蒙广大读者的深情厚爱，多次重印，现决定升级版本。原版书最大的特点是通俗易懂，适合教学。新版继续秉承这一特点，同时有机地融入思政元素。新版增加短视频内容，方便学习；内容安排上符合数据库二级考试的大纲，并适当加上相关题目，适应需求；并且对软件版本加以弱化。本书在升级版本之前，调研了当地的金蝶、用友等软件公司，听取了企业对于 SQL Server 相关就业岗位的能力需求，在书中强化了数据库基本理论的应用，增强实用性。

近年来，数据库软件 MySQL 因为免费、开源及高性能的特点，市场占有率逐渐增加，但是缺点是可视化工具不够丰富，开发环境不统一，使学生学习起来有一定的困难。SQL Server 还有以前遗留的巨大市场，比如很多 ERP 软件的数据库用的是 SQL Server，并且 SQL Server 有丰富的图形化工具，直观易学，特别适合高职、中职层次的学习者。读者可以通过 SQL Server 可视化的操作更好地理解数据库的代码，掌握数据库的基本理论，学会数据库的基本应用。

数据库技术是一门理论基础和实践性要求都比较高的课程，而高职高专层次决定了其教学过程要弱基础原理、强实践应用的培养目标。弱基础原理不等于没有基础原理，否则学了 SQL Server 可能不会用 Oracle，学了 Oracle 却不会用 MySQL。基础原理要做到必需、够用。

强实践应用对数据库技术而言就是要学习好 SQL 语言，用 SQL 语言写出来的语句当然要以前面的原理为基础，否则会让读者不明原因。但是本书作为基础读物，不列出和解释 SQL 语句的语法格式，只在项目和任务中使用(加了详细注释)，需要的读者请查阅 SQL 开发手册之类的资料。对于初学者来说，能用、会用就达到了要求。

本书采用"项目导向、任务驱动"的教学模式，通过一个学生身边的真实项目——学生成绩管理系统的完整实施过程，将 SQL Server 数据库开发的相关内容有条不紊地组织起来。这样的教学过程真正做到了面向工作过程，同时，根据项目内容的不同，划分了多个由易到难、循序渐进的知识点和任务，符合认知规律，有利于教学实践。每个任务和知识点的划分细小而具体，可以在 1～2 个课时完成，有利于课堂教学。

本书概念透彻，理论全面；实践贴近学生生活实际，操作简练；代码简洁，注释详细；拓展训练操作题紧跟项目任务，内容充实；短视频丰富。本书语言简练、通俗易懂，不讲基础读者听不懂的话，能用图表之处绝不使用语言叙述。

由于编者水平所限，虽经反复校对，疏漏和不足之处在所难免，恳请读者批评、指正。

编　者

2023 年 3 月

目 录

项目 1　数据库基础和认识 SQL Server

数据库是计算机软件的重要内容，它为应用程序提供数据的存取服务。

本书使用 SQL Server 数据库开发学生成绩管理系统，先要明确项目的内容以及数据库系统开发的过程，并有一定的知识准备，还要为后面的项目安装 SQL Server。

学生成绩管理系统存储和管理学生信息、课程信息和成绩信息，并保证信息的准确性；同时，系统能够对以上信息进行查询、检索；系统还要能够对这些数据进行安全管理和日常维护。

数据库系统开发是软件系统开发的一部分，并伴随着软件系统开发和应用的全过程，如图 1-1 所示。数据库设计不是本书的重点，只进行简单介绍，数据库设计完成得到数据库和表则是必需的，各阶段的具体内容在下面用箭头标出。在掌握必要的数据库基础知识，并且安装 SQL Server 之后，将基本按照数据库系统开发过程开发学生成绩管理系统。

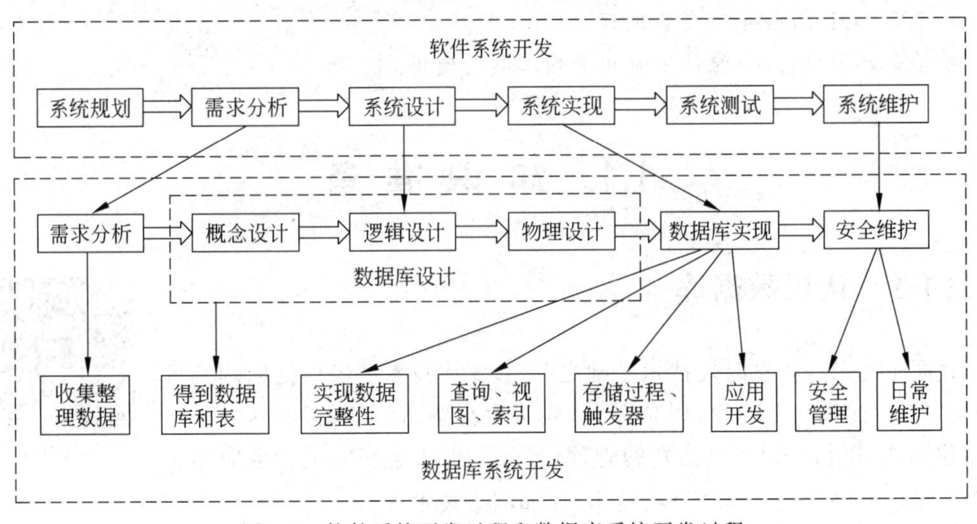

图 1-1　软件系统开发过程和数据库系统开发过程

本书主要内容就是数据库的创建、管理和应用，具体是指：创建数据库，并在其中创建表；然后管理表里面的数据（数据的增加、删除、修改和查询），为了提高效率，使用了视图、索引、存储过程等手段；当然，在管理数据的过程中用到一些工具（约束、触发器等）来保证数据的准确和合理（数据完整性）。

本项目涉及的知识点和任务如图 1-2 所示。

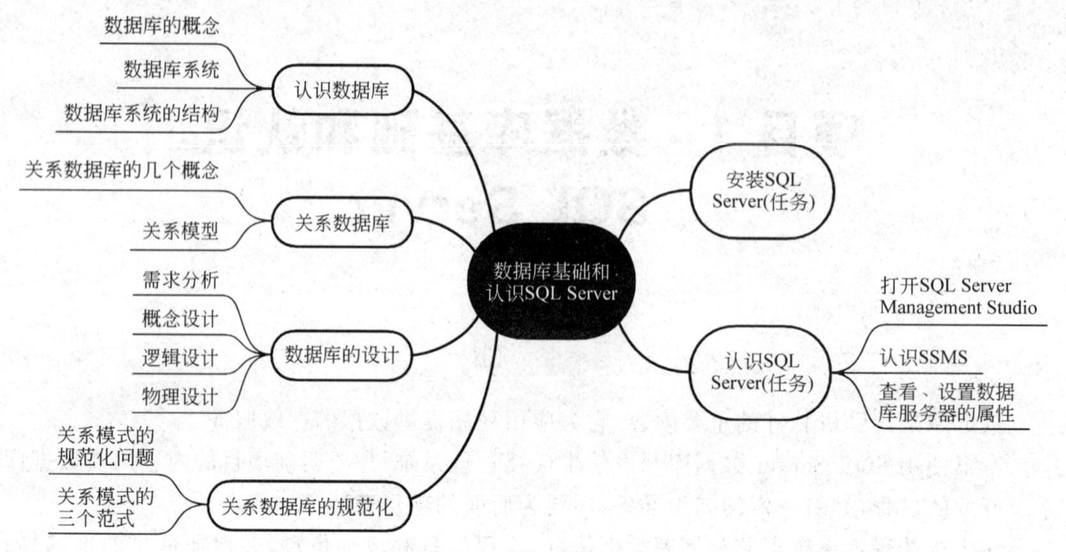

图 1-2 项目 1 思维导图

项目目标

- 理解掌握数据库的基本概念,重点是 E-R 图。
- 理解掌握关系数据库的规范化设计。
- 了解我国数据库发展的现状,增强民族自信。
- 了解 SQL Server 的安装过程。
- 学会 SQL Server 组件中常用管理工具的使用。

1.1 知识准备

知识 1-1 认识数据库

知识 1-1

数据库技术是信息时代技术基础之一,数据库技术已经广泛应用到日常生活当中,比如网上购物,12306 网站购买火车票,超市购买商品时采用 POS 机结账,电信公司对电话费的管理,等等。当然这些例子中也应用了除数据库技术以外的其他计算机技术,比如网络技术等。

1. 数据库的概念

什么是数据库(database,DB)?简单来说就是放数据的仓库,数据库中的数据可以有数字、字母、文字等符号,还可以有图片、声音、视频等信息。仓库中的物品存放是有条理的,数据库中的数据也是有组织的,同时也是可以共享的。为了更好地理解什么是数据库,把数据库比作图书馆,并在表 1-1 中进行对比。当然这里所说的图书馆是指存放纸质媒介,不包括电子图书的图书馆。

表 1-1　图书馆与数据库的对比

对比项	图 书 馆	数 据 库
存放内容	图书、报刊	数据
存储介质	纸张、书架	计算机文件
有序性	分门别类	按照一定的方式组织起来
共享性	一本书只能被一个读者借阅	数据可以被多个用户共享
管理	只能新增图书或报废图书，不能修改	数据可以增加、修改和删除

数据库是存放有组织、可共享的数据集合，需要通过数据库管理系统(database management system，DBMS)来管理数据，比如，常用的数据库软件 SQL Server、MySQL、Oracle 等就是数据库管理系统。数据库管理系统使用结构化查询语言(structured query language，SQL)来实现数据定义功能、数据操作功能和维护数据安全的功能。当然，具体完成数据库的管理工作是离不开人的参与的，负责数据库的建立、使用和维护的专门人员就是数据库管理员(database administrator，DBA)。由数据库、数据库管理系统、数据库管理员、用户以及操作系统和相应的硬件等组成的计算机系统称为数据库系统，比如，本书要开发的学生成绩管理系统。

2. 数据库系统

(1) 数据管理技术的发展过程。数据库是一种计算机数据管理技术。为了更好地理解数据库的概念，需要从数据管理技术的发展过程讲起。在计算机引入数据处理领域后，数据管理技术的发展经历了三个阶段：人工管理阶段、文件系统阶段和数据库系统阶段。数据库之前的数据管理技术如表 1-2 及图 1-3 和图 1-4 所示。

表 1-2　数据库之前的数据管理技术

发展阶段	所处时期	特　　点
人工管理	20 世纪 50 年代中期以前	数据不保存；数据面向应用，不能共享； 数据由应用程序进行管理，数据与程序不具备独立性
文件管理	20 世纪 50 年代后期至 60 年代中期	数据保存在文件中，可以查询、插入、删除和修改； 数据文件由文件系统进行管理，程序与数据的独立性仍较差； 易造成数据的不一致性；数据冗余度大(数据大量重复的现象，称为冗余)

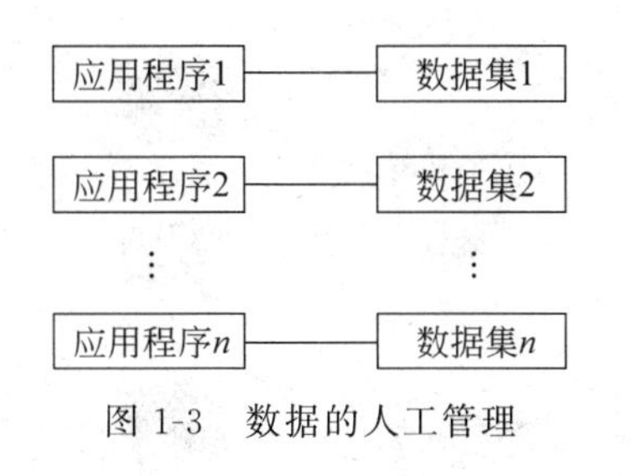

图 1-3　数据的人工管理

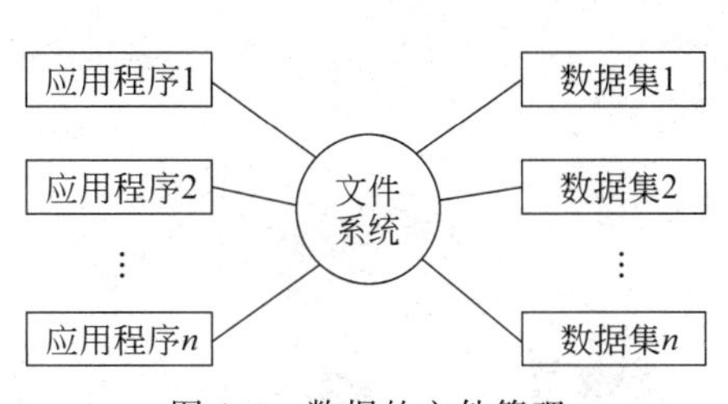

图 1-4　数据的文件管理

(2) 数据库系统的特点。数据库技术诞生于 20 世纪 60 年代末期，相比于数据库之前的数据管理技术，数据库系统不再针对某一应用，因而具有整体的结构化；同时能从整体和全局上看待和描述数据，极大地减少了数据冗余；还提高了数据的共享性和独立性；数据库管理系统也能够对数据进行统一的管理和控制，如图 1-5 所示。

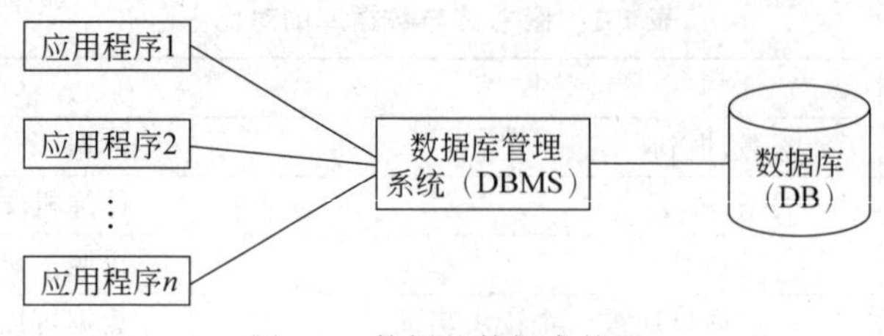

图 1-5 数据的数据库管理

注意：数据库通常在图形中用圆柱体表示。

数据库系统的特点如表 1-3 所示。

表 1-3 数据库系统的特点

特 点	说 明
数据结构化	数据的组织方式、存取方式由 DBMS 统一管理
数据冗余度小	数据共享节约了存储空间，避免了数据之间的不相容性与不一致
数据共享性好	数据可以被多个用户和多个应用共享使用
数据独立性高	数据在物理上和逻辑上都独立于应用程序
数据库保护	数据库管理系统能够对数据进行统一的管理和控制，包括数据的安全性、完整性、并发控制与故障恢复

3. 数据库系统的结构

从数据库系统应用的角度看，目前数据库系统常见的结构有客户机/服务器(client/server，C/S)结构和浏览器/服务器(browser/server，B/S)结构。

(1) C/S 结构。C/S 软件系统体系结构中客户机完成业务处理，数据表示以及用户接口功能；服务器完成 DBMS(数据库管理系统)的核心功能，如图 1-6 所示。

C/S 结构的优点是能充分发挥客户机 PC 的处理能力，减轻服务器运行数据的负荷；缺点是客户机需要安装专用的客户端软件，对客户端的操作系统一般也会有限制，系统软件升级时，维护和升级成本非常高。

在客户机和服务器中间增加一个应用服务器，分担客户机的业务处理，称为中间层，构成 3 层结构，如图 1-7 所示。

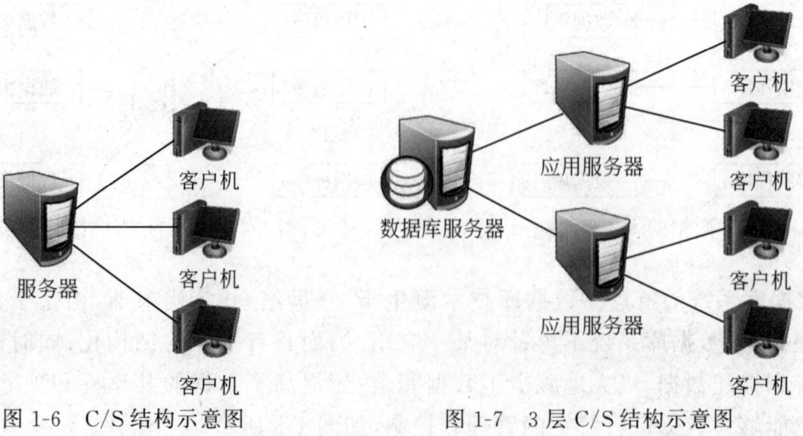

图 1-6 C/S 结构示意图　　图 1-7 3 层 C/S 结构示意图

(2) B/S 结构。B/S 可以看作特殊的 C/S 结构。Browser 指的是 Web 浏览器,实现极少数事务逻辑,主要事务逻辑在服务器实现。B/S 结构的优点是客户端无须安装,方便维护和业务扩展;缺点是速度和安全性不理想。B/S 结构应用广泛,典型的例子有网上订票、购物等,如图 1-8 所示。

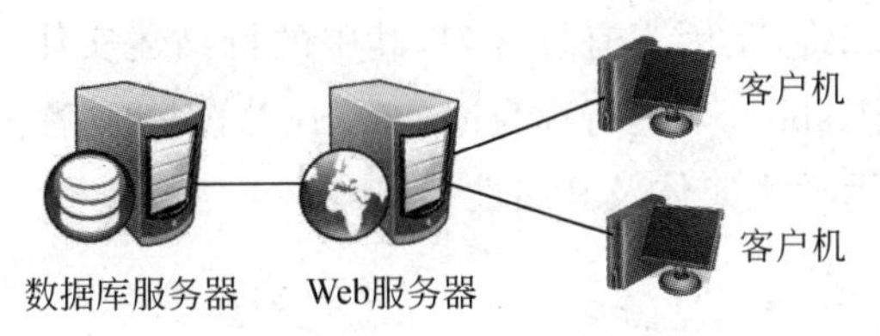

图 1-8　B/S 结构示意图

知识 1-2　关系数据库

知识 1-2

1. 关系数据库的几个概念

(1) 实体(entity)。数据是对客观世界的抽象描述,为了描述的方便,把客观存在的互不相同的事物称为实体,比如学生、教师、课程等。

(2) 实体集(entity set)。同类型的实体集合称为实体集,比如某个学校的所有学生、所有教师等。

(3) 属性(attribute)。实体具有的某一个特性称为属性,比如学生实体的学号、姓名、性别等。

(4) 键(key)。实体既然是互不相同的,这种区别就要通过其属性的不同来体现,即使在实体集里也是如此。能够唯一地标识实体的最小的属性组称为实体的键或者称为码。例如,在学生实体集中,一个学号可以唯一地对应一个学生,学号就学生实体的码或者键。如果一个学生只有一个手机号码,并且互不重复,那么手机号码也可以作为学生实体的键或者码;如果选择学号,学号就是学生实体集的主键,主键只能有一个。手机号码就是候选键。实体的互不相同,可以理解为哲学上的“世界上没有两片完全相同的树叶”。

(5) 联系(relationship)。哲学上说世界是普遍联系的,实体和实体之间也是有联系的,比如,学生实体和课程实体是通过“选修”联系起来的,教师实体和课程实体之间是通过“授课”联系起来的。

实体之间的联系有一对一联系(1 : 1),一对多联系(1 : n)和多对多联系(m : n)。例如,班级和班长(正班长)之间就是一对一联系,一个班级里有一个班长,一个班长对应一个班级。班级和学生之间就是一对多联系,一个班级里有多个学生。学生和课程之间是多对多联系,学生选修多门课程,课程有多个学生学习。

2. 关系模型

数据库是有组织的数据集合,如何组织,就要看数据库采用什么样的数据模型来描述实体及其联系。主要的数据模型有层次模型、网状模型和关系模型。目前,采用关系模型的数据库系统应用最为广泛,比如本书所使用的 Microsoft SQL Server,还有 MySQL、Oracle、

DB2 等。为了叙述简洁,后面所讲的数据库就是指关系数据库。

关系模型是以二维表来描述实体和实体的联系的,“关系”两个字是《离散数学》中集合论的一个数学概念,有需求的读者可以查阅相关内容,本书作为数据库应用的基础读物予以省略,敬请读者注意。

二维表之所以称为二维,是因为有行有列,其中的行描述实体,列描述实体的属性。在数据库中,二维表称为表(table),表的行称为记录(record),表的列称为字段(field),如图 1-9 所示。图中的学生表可表示学生实体及其属性。

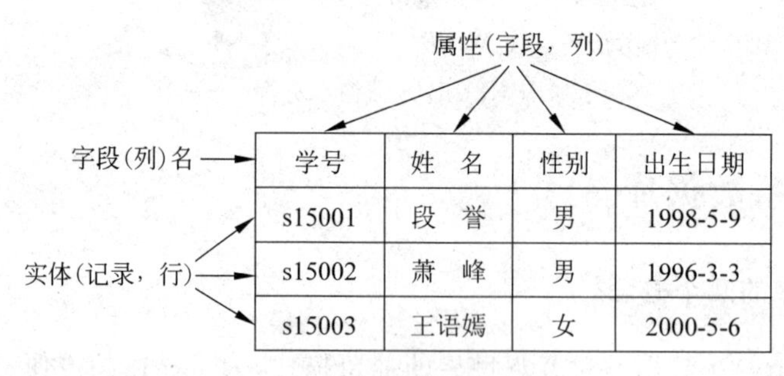

学号	姓　名	性别	出生日期
s15001	段　誉	男	1998-5-9
s15002	萧　峰	男	1996-3-3
s15003	王语嫣	女	2000-5-6

图 1-9　表的结构

实体之间的联系也是用表来表示的。实体的一对一联系直接在一张表里表示出来。例如,班级表里有班级编号、班级名称和班长学号。实体的一对多联系用两张表表示。例如,学生表和班级表。实体的多对多联系需要增加一张表来表示联系本身。例如,学生和课程之间的选修联系。选修表中除了学号和课程编号,还有选修这个联系的属性——成绩,所以,选修表就是成绩表,如图 1-10 所示。实际上,成绩表将多对多联系转化为两个一对多联系了(1 个学生对应多门课的成绩,1 门课程对应多个学生的成绩)。

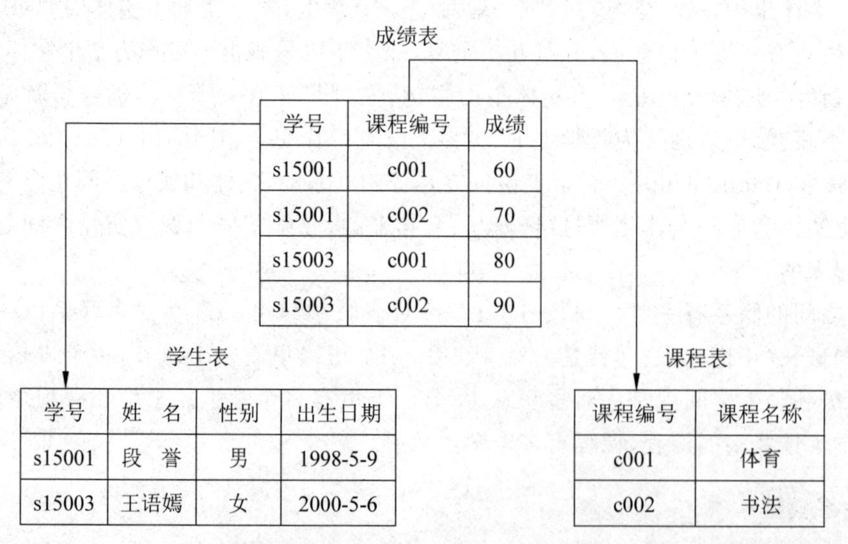

学号	课程编号	成绩
s15001	c001	60
s15001	c002	70
s15003	c001	80
s15003	c002	90

学号	姓　名	性别	出生日期
s15001	段　誉	男	1998-5-9
s15003	王语嫣	女	2000-5-6

课程编号	课程名称
c001	体育
c002	书法

图 1-10　用表来表示实体之间的联系

知识 1-3　数据库的设计

知识 1-3

在图 1-2 数据库系统开发过程中有数据库的设计步骤。需求分析是软件系统开发的重要阶段，本节强调针对数据库设计的需求分析内容，所以将需求分析放在数据库设计的准备阶段进行介绍。

1. 需求分析

需求分析是分析系统的需求，主要任务是调查、收集与分析用户在数据管理中的信息需求、处理需求和安全性与完整性的需求，并把这些需求写成需求说明书。

(1) 本书的“学生成绩管理系统”，对学校教务处的成绩管理流程进行梳理，主要功能如下。

① 学生管理能够查询、修改、添加和删除学生的基本信息。

② 课程管理能够修改、添加新开课程，删除淘汰课程。

③ 成绩管理要记录学生每门课的成绩并提供查询、修改和简单的统计功能。

(2) 系统中有两个实体，即一是学生，二是课程。

(3) 每个实体对应的属性如下。

① 学生实体的属性：学号，姓名，性别，出生日期。

② 课程实体的属性：课程编号，课程名称。

(4) 该系统的规则是：一个学生可以选修多门课程，一门课程也可以被多个学生选修。

2. 概念设计

概念设计是将得到的用户需求(要描述的现实世界)抽象为概念数据模型，其过程是首先根据单个应用的需求，画出能反映每一个需求的局部实体—联系模型(entity-relationship，E-R 图)。然后把这些 E-R 图合并起来，消除冗余和可能存在的矛盾，得出系统全局的 E-R 模型。需要特别强调的是，画 E-R 图的基础就是需求说明书中的数据流图和数据字典。

E-R 图中矩形表示实体；椭圆形表示属性；菱形表示联系；然后用短线连接在一起。如图 1-11 所示是学生实体、课程实体、选修联系的局部 E-R 图，将局部 E-R 图连接起来成为图 1-12 所示的全局 E-R 图，图中标注了学生和课程之间是多对多联系(m ∶ n)。其中加下划线的属性是实体或者联系的键，如学生实体的学号，课程实体的课程编号。

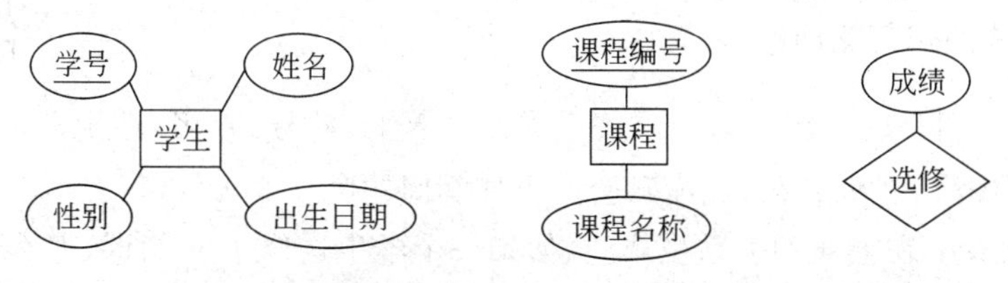

图 1-11　学生实体、课程实体、选修联系的 E-R 图

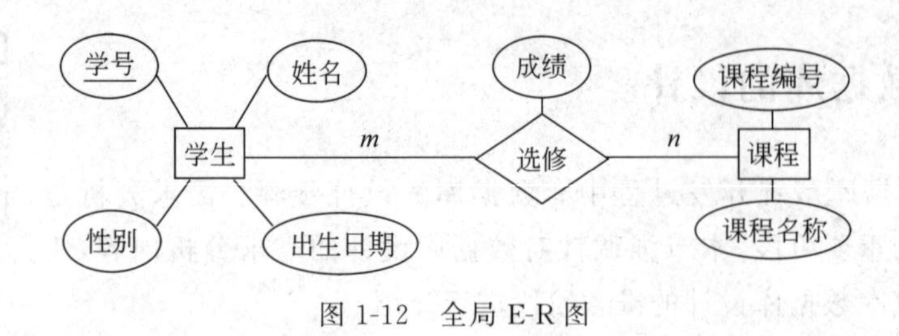

图 1-12 全局 E-R 图

3. 逻辑设计

概念设计是从设计者的角度来分析问题,是让设计者能够清楚认识系统结构的理解过程,要实现系统,需要把概念模型转换为具体计算机上 DBMS 所支持的结构数据模型。

逻辑设计就是把 E-R 图转化为关系模式,即把实体及其联系转化为关系模式,然后对关系模式进行优化。图 1-13 是 E-R 图转化为关系模式后在 DBMS 上实现的示意图。图中左边表示 E-R 图,按箭头方向转化为关系模式,就是中间的二维表,然后在数据库管理系统(DBMS)的帮助下进入数据库,从而实现逻辑设计。

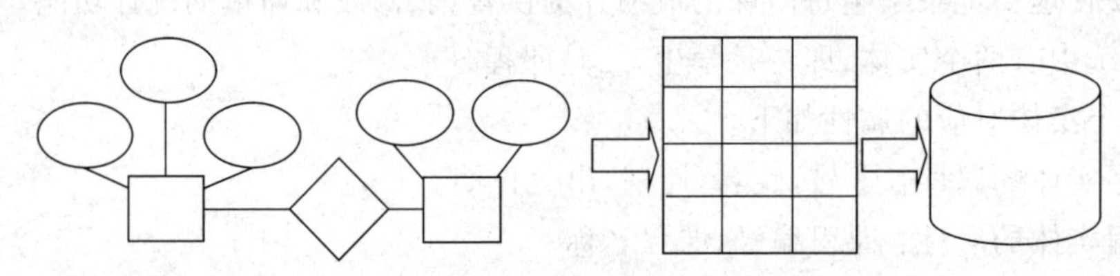

图 1-13 E-R 图转化为关系模式后在 DBMS 上实现

E-R 图转化为关系模式要遵循一定的规则,转化产生的关系模式可能是不合理的,比如,存在数据冗余和插入、删除、更新异常,解决的方法是关系模式的规范化。

4. 物理设计

物理设计主要确定数据库的存储结构,包括确定数据库文件和索引文件的记录格式和物理结构,以及选择存取方法等,基本上由数据库管理系统完成。

物理设计阶段的主要内容是创建和管理数据库和表,学生成绩管理系统数据库的物理设计将在后面的项目中逐步进行。

知识 1-4 关系数据库的规范化

知识 1-4

1. 关系模式的规范化问题

假设初学者将图 1-12 转换为如下关系模式:学生(学号,姓名,性别,出生日期,课程编号,课程名称,成绩),会产生什么问题呢?

(1) 数据冗余:在上面的关系模式中,如果一个学生选修了 n 门课,那么这个学生的姓名会在这个关系模式中出现 n 次;同样一门课如果被 m 个学生选修,那么这门课的名称也会在这个关系模式中出现 m 次。

(2) 插入异常：如果新增加一门课，还没有学生选修，上面的关系模式中会在属性学号、姓名、性别、出生日期上没有值，在数据库中就是“空值”，这样会引起检索和操作的不便。更为严重的是，属性学号是上面关系模式的键的一部分，是不允许出现“空值”的。

(3) 删除异常：如果某个学生中途退学，从上面的关系模式中删除该学生的信息，结果会将该学生选修过的课程信息一同删除。这种情况是不合适的，因为可能会丢失课程信息。

(4) 更新异常：如果发现某门课程的课程编号弄错了，需要修改，那么这门课所有弄错的课程编号都要修改。如果不慎漏掉了几个，就会引起数据的不一致。

2. 关系模式的三个范式

上面的关系模式很明显是不好的，好的关系模式就是消除存在数据冗余和插入、删除、更新异常。如何消除呢？关系模型的奠基人 E. F. Codd 系统地提出了第一范式（first normal form，1NF）、第二范式（2NF）和第三范式（3NF），来讨论怎么将不好的关系模式转化为好的关系模式，这就是关系模式的规范化。

所谓“第几范式”，是表示关系模式的某一级别，有高低之分，1NF 最低，2NF 次之，后面以此类推。范式之间是包含关系，满足 2NF 关系模式必然满足 1NF，满足 3NF 关系模式必然满足 2NF，当然也满足 1NF，如图 1-14 所示。3NF 后面还有 4NF、5NF，一般情况下，关系数据库只需满足 3NF 就可以了。

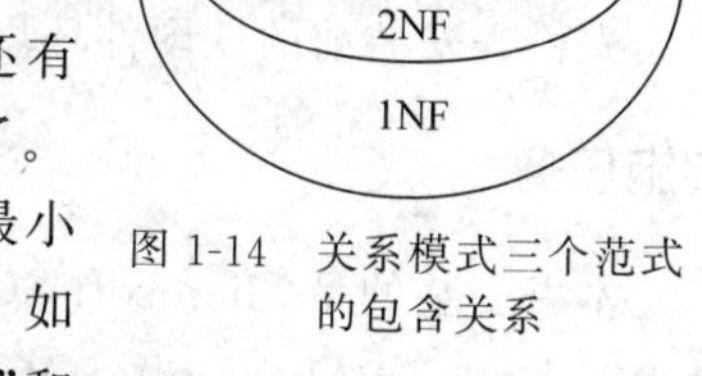

图 1-14　关系模式三个范式的包含关系

(1) 1NF。当关系模式的每个属性值都是不可再分的最小数据单元时，则满足 1NF，这显然是关系模式的基本要求。如果上面的学生关系模式中的姓名属性出现两个值，如“萧峰”和“乔峰”，那么姓名属性就是可以分解的，可以分解为姓名和曾用名，这样才能满足 1NF。

(2) 2NF。当关系模式满足 1NF，并且非主属性完全依赖于主键（不存在部分依赖）时，就满足 2NF。比如，上面的学生关系模式中的姓名只依赖于主键（学号，课程编号）中的一部分（学号），而不是整个主键，所以不满足 2NF。规范化的方法是：将部分依赖的属性和被部分依赖的主属性从原关系模式中分离，形成一个新的关系模式。具体是将上面的学生关系模式分解成下面的学生、课程和成绩三个关系模式就都满足 2NF，当然分解的结果也满足 3NF。

学生（学号，姓名，性别，出生日期）
课程（课程编号，课程名称）
成绩（学号，课程编号，成绩）

E-R 图中的选修联系转化为关系模式成绩，更符合习惯。成绩既与学生有关，也与课程有关，所以增加代表两者的学号和课程编号。学号或者课程编号不能单独作为主键，也就是说成绩表中的学号或者课程编号是有重复的，但是两者合在一起不会重复，所以它的主键是这两个属性的组合。从整体来看，学号和课程编号是冗余的，但这是必需的，比起不满足 1NF 的学生（学号，姓名，性别，出生日期，课程编号，课程名称，成绩）关系模式，冗余小得多。冗余不能完全消除，否则影响数据库的正常运行。

(3) 3NF。当关系模式满足 2NF，并且非主属性仅依赖于主键（不存在传递依赖）时，就满足 3NF。例如，学生（学号，姓名，性别，出生日期，所在系，系主任）是符合 2NF 的，但存在传递依赖,所在系依赖于学号,而系主任又依赖于所在系,所以系主任传递依赖于学号,因此不满足 3NF。规范化的方法是:将具有传递依赖的属性从原关系模式中分离,形成一个新的关系模式。具体是将例子中的学生关系模式分解成学生(学号,姓名,性别,出生日期,所在系)和系(系名称,系主任)两个关系模式,就都满足 3NF 了。

因为关系模式的规范化决定了数据库能否正常运行,所以必须认真对待。从上面规范化的过程来看,首先,要将实体的属性细分为不可再分的状态;其次,要将不同的实体和联系拆分成不同的关系模式;最后,适当调整关系模式中的属性,避免属性之间出现部分依赖和传递依赖。这样就能满足规范化的要求了。

1.2 任务划分

任务 1-1　安装 SQL Server

提出任务

先检查安装前的软硬件环境是否满足要求,然后按步骤安装。

实施任务

本书安装的是 Microsoft SQL Server 2012 Enterprise Edition Service Pack 1,操作系统是 Windows 7。Microsoft SQL Server 有很多版本,高版本相比于低版本性能更好,功能也更丰富,但是基本应用大同小异,所以本书没有选择最新版本,而是选择具有一定市场的 2012 版,作为基本的应用完全够用。

安装的软件环境推荐:Windows 7、Windows Server 2008 Service Pack 2 及以上版本的 32 位或者 64 位操作系统;硬件环境推荐:主流 CPU,内存 2GB 及以上,硬盘空间 6GB 及以上。

(1) 从运行安装包中的 setup.exe 开始,打开“SQL Server 安装中心”窗口,如图 1-15 所示。

(2) 单击图 1-15 所示窗口左侧的“安装”,进入安装界面,选择安装类别,如图 1-16 所示。

(3) 单击图 1-16 所示的“全新 SQL Server 独立安装或向现有安装添加功能”,接下来按向导安装程序支持规则,输入密钥,接受许可条款,安装程序支持文件,然后进入“功能选择”界面,选择要安装的组件,如图 1-17 所示。

功能选择步骤里面,如果不需要分析服务 Analysis Services、报表服务 Reporting Services、集成服务 Integration Services,以及 SQL Server Data Tools,可以不选择,像“SQL Server 复制”、客户端的工具××、管理工具××等必须选择。其中“管理工具—基本”“管理工具—完整”对应的是 SQL Server 2012 的 SQL Server Management Studio。

(4) 下一步是“实例配置”界面,如图 1-18 所示,选择“默认实例”选项。简单地说,实例是实际的数据库例子,其实就是 SQL Server 数据库引擎。同一台计算机上可以同时运行多个实例,并且互相独立。

图 1-15　“SQL Server 安装中心”窗口

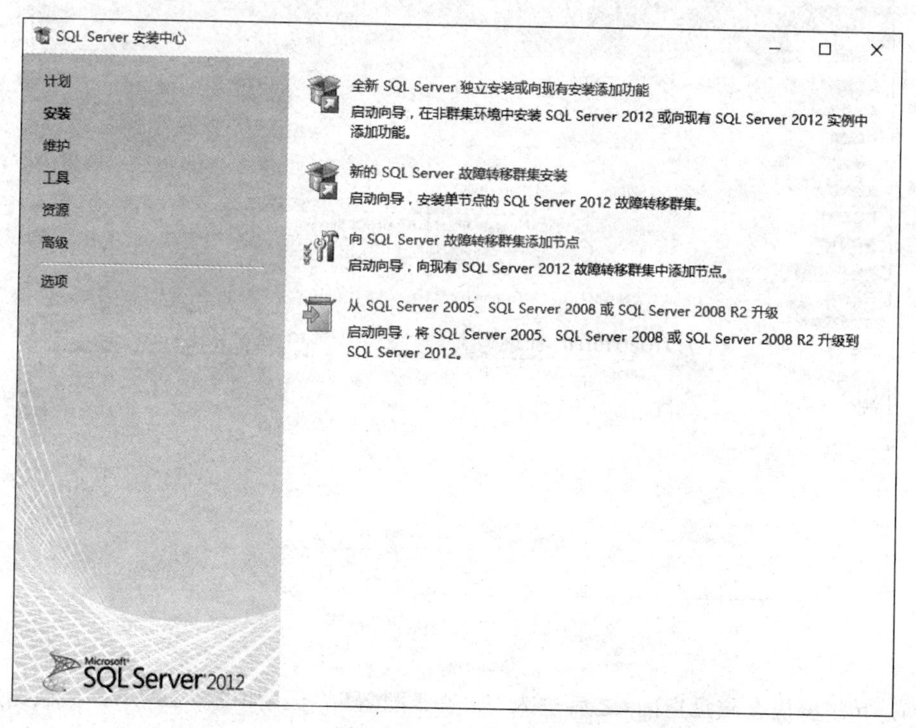

图 1-16　选择安装类别

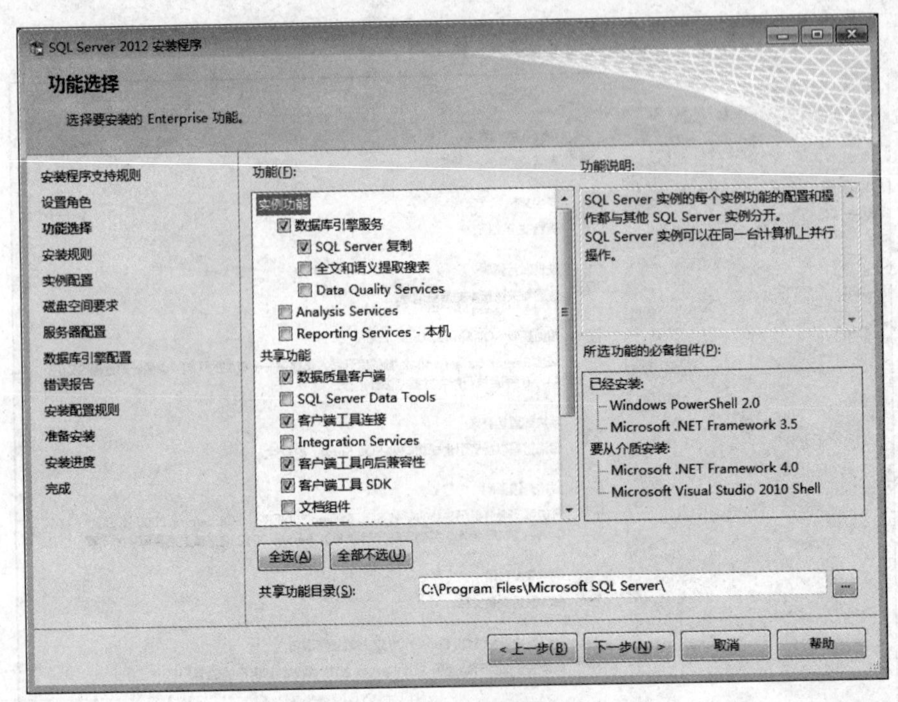

图 1-17 “功能选择”界面

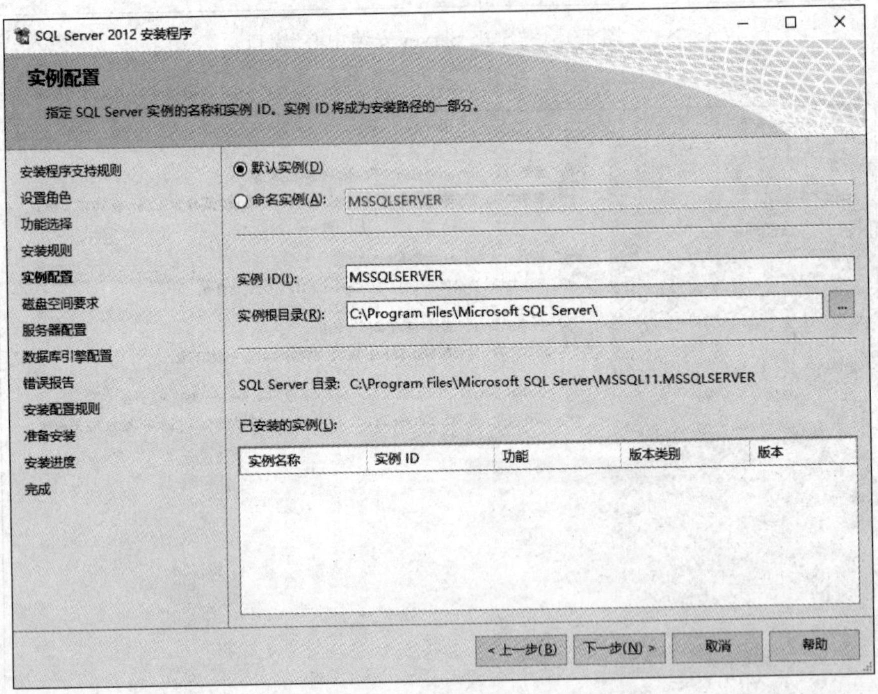

图 1-18 “实例配置”界面

(5) 下一步检查磁盘空间,之后进入“服务器配置”界面,如图 1-19 所示。需要为服务账户设置用户名和密码(密码也可以不设置)。为了方便,选择对所有 SQL Server 服务使用相同的账户。“启动类型”一栏常用的功能设为“自动”(如 Database Engine),否则设为“手

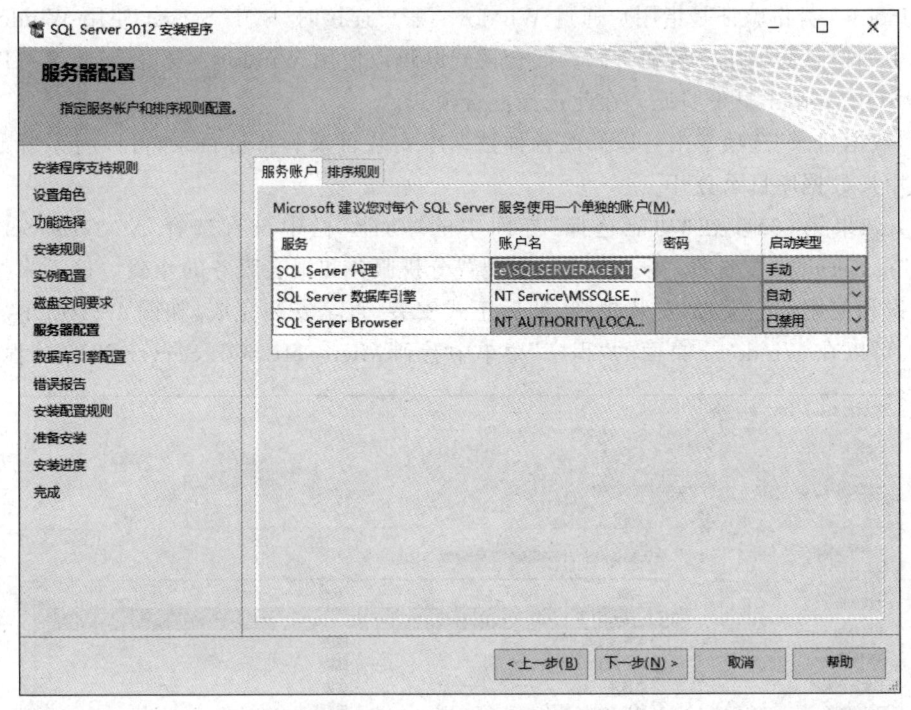

图 1-19　“服务器配置”界面

动”,用不到的可以设为“已禁用”。

(6) 接下来进入“数据库引擎配置”界面,选择身份验证模式,如图 1-20 所示。

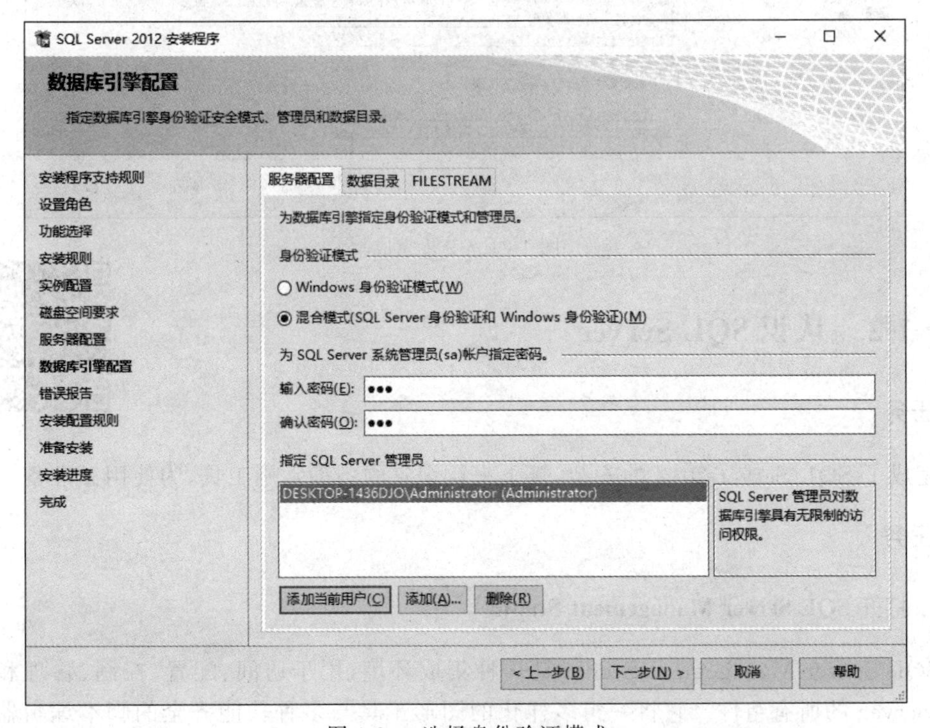

图 1-20　选择身份验证模式

Windows 身份验证是指用户通过 Windows 账户连接时，SQL Server 使用 Windows 操作系统中的信息验证用户名和密码。混合模式既可以使用 Windows 身份验证，又可以在远程使用 SQL Server 身份验证。在此选择混合模式。

在“数据目录”选项卡中可以修改各种数据库安装目录和备份目录，可以将系统数据库目录和用户数据库目录分开。

(7) 如果第(3)步在“功能选择”界面中的“功能”栏中没有选择 Analysis Services、Reporting Services 复选框，接下来就没有配置分析服务和报表服务的步骤。接下来按向导设置错误和使用情况报告，安装规则，然后正式安装，直至安装完成，如图 1-21 所示。安装成功后，可以在 Windows 桌面的“程序”菜单中看到 Microsoft SQL Server 2012 的程序组。

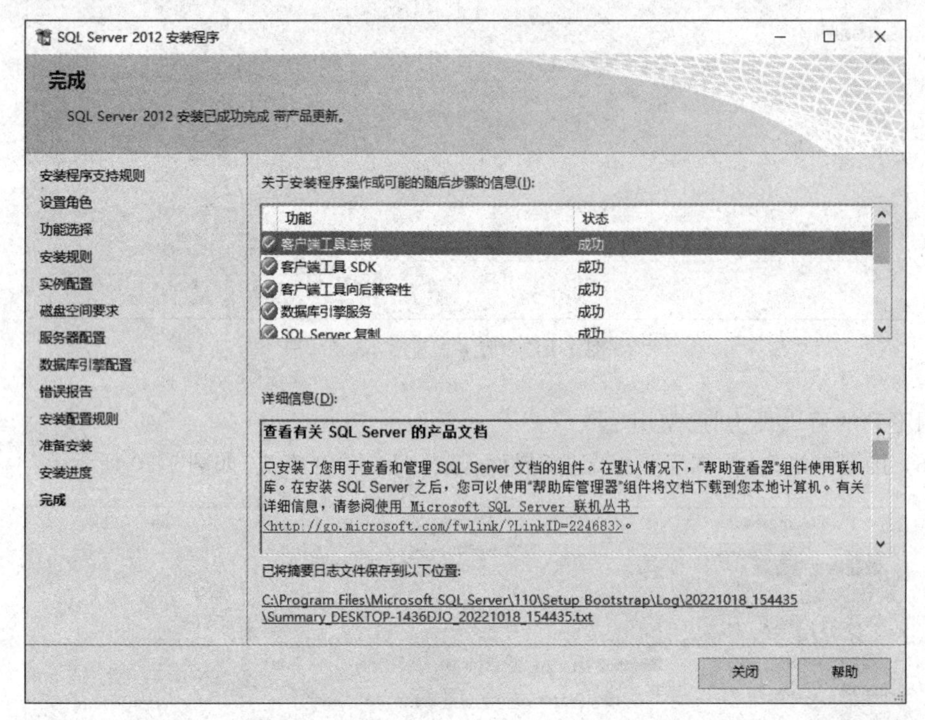

图 1-21 安装完成

任务 1-2 认识 SQL Server

任务 1-2

提出任务

完成了 SQL Server 2012 的安装，接下来认识它的各种常用工具，为使用做准备。

实施任务

1. 打开 SQL Server Management Studio

SQL Server Management Studio 是一种集成环境，用于访问、配置、控制、管理和开发 SQL Server 的所有组件。它将一组多样化的图形工具与多种功能齐全的脚本编辑器组合在一起，可为各种技术级别的开发人员和管理员提供对 SQL Server 的访问。这是后面使用最多的工具。为了行文方便，后面简称 SSMS。

在操作系统程序菜单的 Microsoft SQL Server 2012 程序组中启动 SSMS，会弹出“连接到服务器”对话框，如图 1-22 所示。

图 1-22　“连接到服务器”对话框

从图中可以看到，服务器类型是数据库引擎，这个不能变。服务器名称和身份验证要根据具体情况选择正确的名称和方式。服务器名称就是 SQL Server 实例的名称，可以使用默认的计算机名称或者其 IP 地址，本地服务器名称可以用“.”代替。

如果服务没有启动，单击“连接”按钮，会弹出错误消息框，如图 1-23 所示。用以下两种方法来启动数据库服务。

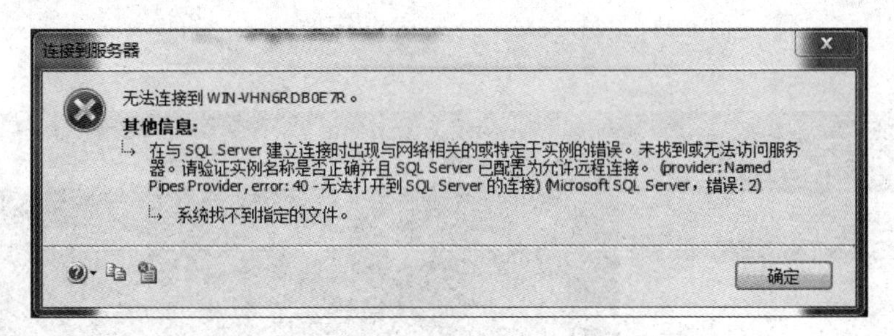

图 1-23　连接到服务器错误消息提示框

(1) 在 Windows 操作系统中依次打开“控制面板”→“管理工具”→“服务”，打开“服务”窗口，如图 1-24 所示，找到 SQL Server(MSSQLSERVER)并启动。启动的方法如下：可以在“服务”窗口的工具栏中找到“启动”按钮，或者右击并选择“启动项”命令，或者双击并在其“属性”窗口中启动。

(2) 在 Microsoft SQL Server 2012 的程序组中启动配置工具中的 SQL Server 配置管理器，如图 1-25 所示。在左边窗格中选择“SQL Server 服务”，右边选择“SQL Server (MSSQLSERVER)”。启动的方法如下：可以在 SQL Server Configuration Manager 窗口工具栏中找到“启动”按钮，或者右击并选择“启动项”命令，或者双击后在其“属性”窗口中启动。与方法(1)中不同的是，启动、暂停、停止的图标有所区别。

服务启动之后，单击图 1-22 中的“连接”按钮，进入 SSMS 主界面，如图 1-26 所示。

图 1-24 “服务”窗口

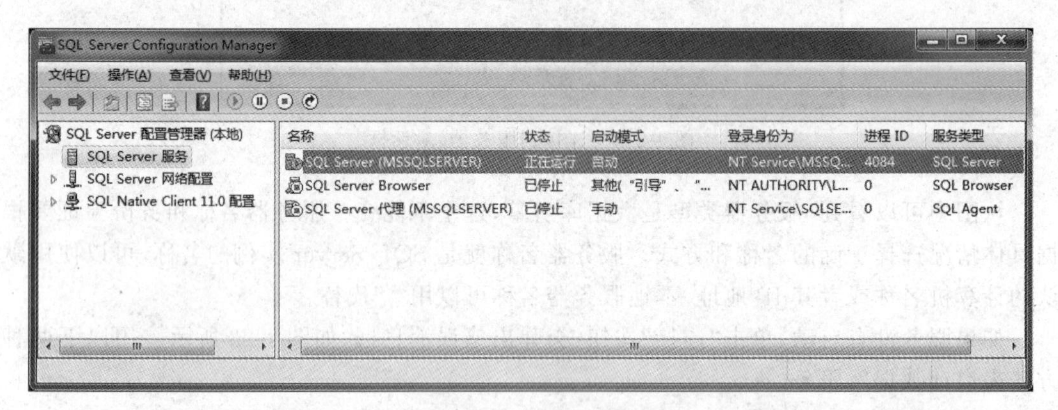

图 1-25 SQL Server Configuration Manager 窗口

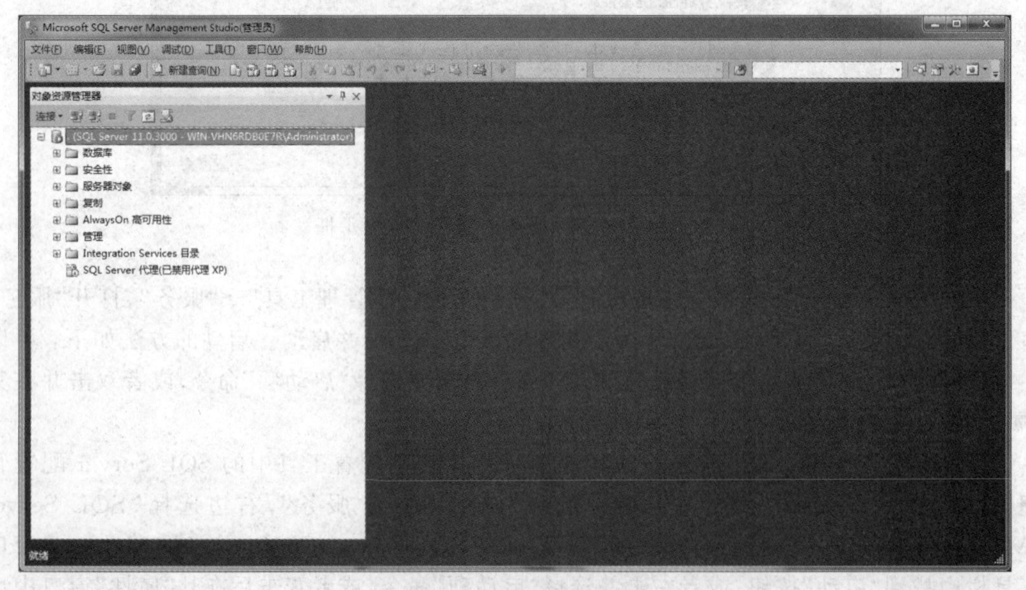

图 1-26 SSMS 主界面

2. 认识SSMS

(1) 对象资源管理器。在图1-26中，服务器中所有数据库对象以目录树形的形式显示，单击每个节点前的加号，目录树会被展开。根节点是默认实例。对象资源管理器包括与其连接的所有服务器的信息。打开SSMS时，系统会提示对象资源管理器连接到上次使用的设置。

在窗口中选择"视图"→"对象资源管理器详细信息"命令，可以看到相应内容。

(2) 已注册的服务器。在图1-26中，选择"视图"→"已注册的服务器"命令，可以看到相应内容。已注册的服务器一般和对象资源管理器一起都在左侧窗格中，两者上下并列，其中列出了常用的服务器，可以在此注册及删除服务器，或者将网络环境下多个SQL Server服务器组合成服务器组，也可以双击某个已有的服务器进行连接。

(3) "新建查询"窗口。在图1-26中，单击工具栏中的"新建查询"按钮，可以打开查询编辑器，数据库的代码就在这里进行编辑、运行和调试，具有查询及分析功能。"视图"菜单的"工具栏"子菜单项可以设置查询编辑器的功能。

(4) "选项"设置。选择"工具"→"选项"命令，打开"选项"对话框，如图1-27所示，可以对SSMS的环境进行设置，例如，配置启动选项等。

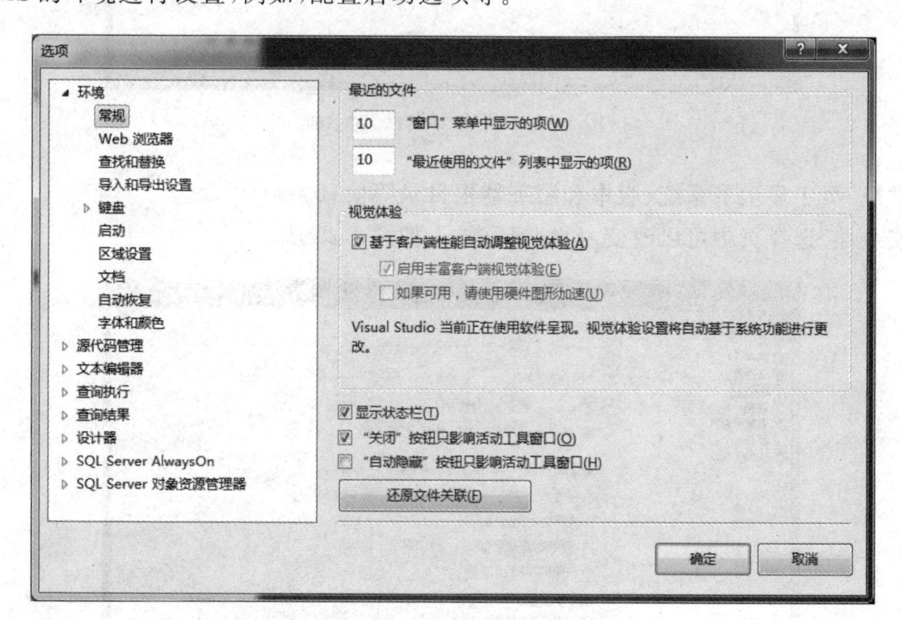

图1-27 "选项"对话框

SSMS的菜单、工具栏按钮的功能和其中窗格的隐藏、移动、停靠等操作，需要读者在使用中慢慢摸索，细心体会。

3. 查看、设置数据库服务器的属性

(1) 管理数据库服务器。在对象资源管理器右击数据库服务器，在弹出的快捷键菜单中可以用"启动""停止"或"暂停"等操作命令来管理数据库服务器。当然也可以选择"连接""断开连接""注册"等命令做相应的管理，和本任务步骤1中关于服务器的管理类似。

(2) 查看、设置数据库服务器的属性。在对象资源管理器中右击数据库服务器并选择“属性”命令,打开的对话框如图 1-28 所示。

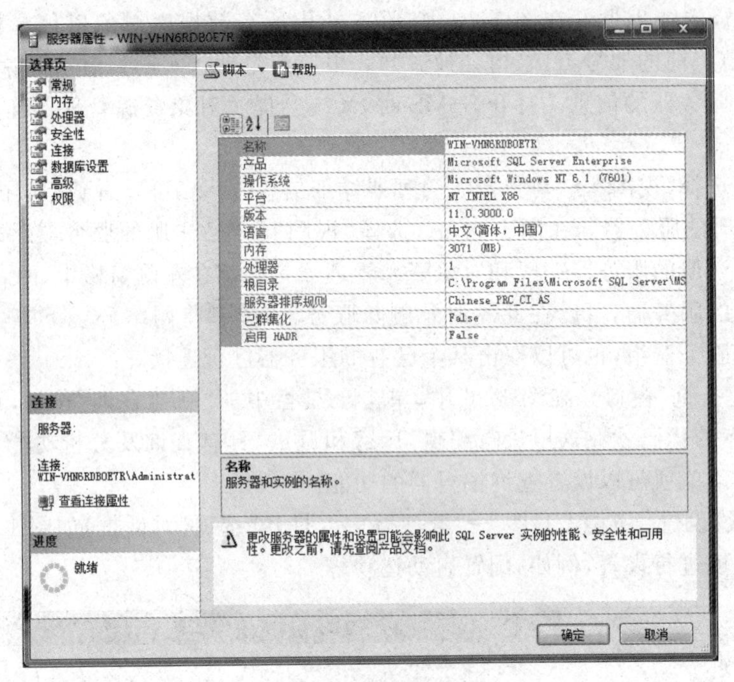

图 1-28 “服务器属性”对话框

“常规”页中显示了系统、版本和服务器根目录等信息。

“安全性”选择页中可以改变身份验证模式,如图 1-29 所示。

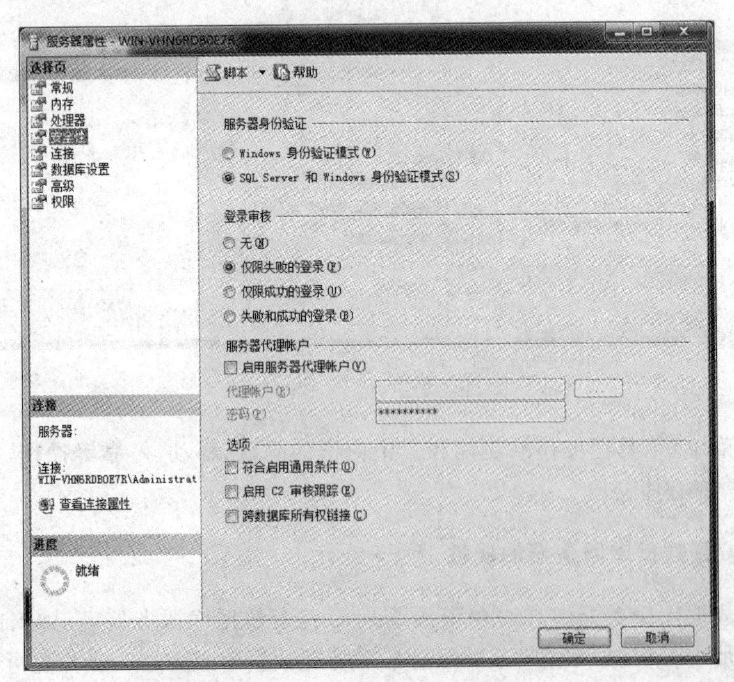

图 1-29 “安全性”选择页

“数据库设置”选择页中可以设置数据库默认位置，具体是数据文件、日志文件和备份文件的位置，如图 1-30 所示。设置好以后，创建的数据库文件默认情况下就在此位置，可以避免和系统数据库的文件混在一起。

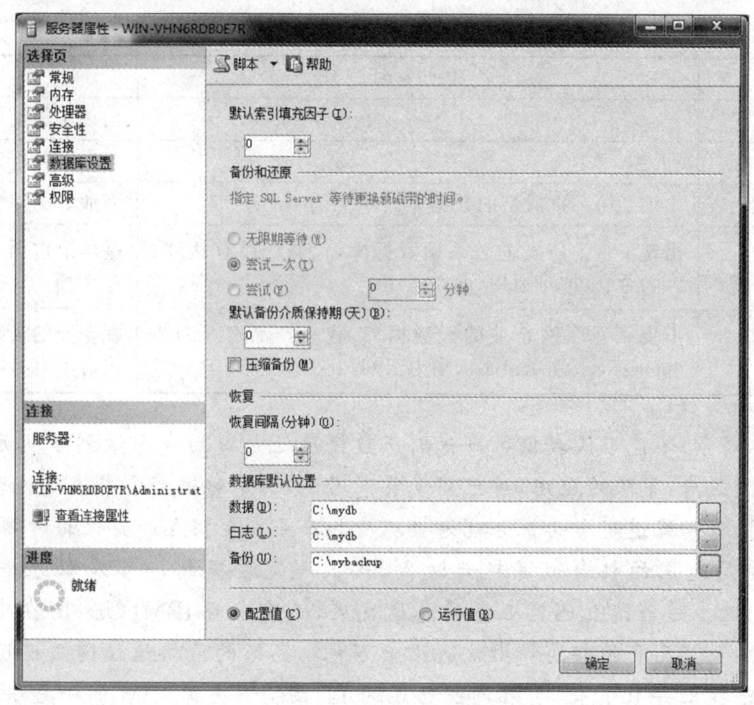

图 1-30　“数据库设置”选择页

思政小课堂

我国数据库的发展现状

我国在基础软件方面一直比较落后，比如操作系统，当然也包括数据库。20 世纪 60 年代末期，国外就已经出现了数据库技术；70 年代，关系型数据库的概念兴起，联机交易处理逐渐发展，数据库的重要性随之提升，并广泛地应用于银行、证券、民航、订票、电信计费等商用领域。在这个背景下，国内数据库理论研究刚刚起步，直到 80 年代，国内才拥有第一批成型的数据库人才，商业数据库更是遥不可及。

随着 20 世纪 90 年代的改革开放，我国经济巨变，中国数据库的种子终于萌芽，一系列国产数据库公司终于出现，经过几十年的技术积淀，出现了自主研发的关系型数据库，代表产品有达梦、人大金仓、神舟通用、南大通用。这些可以称得上是国内产品的顶梁柱，但是国产数据库还面临着严峻的困境，这些产品背景主要源自国家的各项研究计划，且均有大学科研背景，天生缺乏行业和实际产业的介入，产品在商业市场表现平平。表 1-4 所示为我国数据库的发展和国外的对比。

进入 21 世纪，中国经济增速迅猛，市场为了和世界接轨，必然选择更加成熟的解决方案，这就使得国产数据库进入了更加尴尬的恶性循环的境地。产品初期需要不断试错和验证的机会，客户没有时间和办法陪着试错和成长；没有客户生态就更差，更没有办法进行产品投入和迭代。为了解决以上问题,国内采取了各种办法,一方面继续加大投入,鼓励技术发展;另一方面引进成熟系统的源代码,有不少企业选择引进的方案。但是残酷的现实告诉我们:只靠收购没有自研的路线很难走通。

表 1-4　我国数据库的发展和国外的对比

时　　间	中　　国	国　　外
20 世纪 60 年代	—	出现了数据库技术
20 世纪 70 年代	—	关系型数据库的概念兴起
20 世纪 80 年代	出现了第一批成型的数据库人才	商业数据库普及
20 世纪 90 年代	出现了自主研发的关系型数据库,代表产品有达梦、人大金仓、神舟通用、南大通用	基本上占据了全部的数据库市场
21 世纪至今	出现了互联网企业的云数据库,代表产品有 TiDB、openGauss、OceanBase、华为云 GaussDB、达梦	在企业的云数据库市场上占有率有所降低

尽管历尽艰辛,不能否认我们第一代国产数据库还是帮助我国做到了从无到有的零突破。不少涉密、政府、军队的应用,对可用度要求不高,但是对保密要求很高的客户还是适用的。历史表明,唯一弯道超车的机会就是当环境和产业发生拐点和变化的时候,现在这个云时代的开端就是我们的机会。说起云时代,我们一定要提到一家采取另一条路线的企业——阿里巴巴。随着阿里巴巴业务的急速发展,一度成为 IBM、Oracle 在中国的标杆客户,阿里巴巴购买产品和服务的费用就达几千万元。高昂的价格迫使阿里巴巴开启了自研模式,阿里巴巴提出去 IOE 化,即在阿里巴巴的 IT 架构中去掉 IBM 的小型机、Oracle 的数据库、EMC 存储设备,代之以自己在开源软件基础上开发的系统和相应的国产设备。顶着压力,阿里巴巴 B2B 成功将数据迁移到开源的 MySQL 上,招聘了许多能够修改这些开源产品源代码的人才,为后期的爆发蓄力。在自研技术的支持下,淘宝 2013 年下线了最后一个 Oracle,支付宝总账全面替换成了 OceanBase。虽然国内许多企业还是在使用 Oracle,但是阿里巴巴证明,它不是不可替代的。

在阿里巴巴去 IOE 的运动历程中,PolarDB 和 OceanBase 出现了。PolarDB 是基于 MySQL 开发的新一代关系型云原生数据库,既拥有分布式设计的低成本优势,又具有集中式的应用性,且完全兼容 MySQL,高度兼容 Oracle。PolarDB 采用存储、计算、分离、软硬一体化的设计,满足了大规模应用场景需求。作为一款云原生的数据库,它在软件设计、产品架构、基础设施上都是顶尖的,在性能上也远超 MySQL,在特殊场景下最高可以实现 6 倍于 MySQL 的性能,而成本只有商用数据库的十分之一。OceanBase 是百分之百完全自主研发,安全可控,性能卓越稳定,兼容性好,容灾性好,是目前阿里巴巴业务的重要基石。OceanBase 目前已经被许多企业,政府和银行使用,以 6000 万分的成绩打破了尘封九年并由 Oracle 保持的纪录——3000 万分。OceanBase 支撑着阿里巴巴的业务,平稳地撑过了双十一的严峻考验,一次次地向世界证明国产数据库的能力。目前,阿里云已位居全球云数据库市场份额第三,年增速达到了 115%。

除了阿里巴巴,其他企业也在自研方面做着努力,TiDB、openGauss、华为云(GaussDB)、达梦,是云时代一些其他的国产数据库系统。可以看到,目前国产企业正在更多地采取自主研发这条技术路线,争取打破技术封锁,国产数据库的春天终于来了。有人甚至说，近几年国产数据库的井喷式出现都要归功于几十年低调踏实的技术积累和技术创新。经过多年发展，国产数据库软件产业已初具规模。目前国产数据库厂商分为两类：一类是传统数据库厂商，包括南大通用、武汉达梦、人大金仓、神舟通用等；另一类是新兴的互联网巨头数据库，如阿里巴巴、腾讯、华为和金山云等。近年来，无论在党政市场还是在商业市场，互联网巨头的数据库产品占有率提升都更快一些。

云时代已然起航，很庆幸的是，我们这一次没有落后，中国已经积累了许多数据库人才，有着潜力巨大的市场，有了足够的国际化视野，我们的下一个目标不仅仅是国内市场，而是国际化市场。借助整个数据库市场向云数据库倾斜的机遇，终有一天，数据库这座曾经压在中国企业技术上的大山将被我们跨过。

拓 展 训 练

一、实践题

1. 要开发一个教师授课管理系统，系统要能够进行教师管理、课程管理和授课管理。

(1) 主要功能具体如下。

① 教师管理中能够查询、修改、添加和删除教师的基本信息。

② 部门管理中能够查询、修改、添加和删除部门的基本信息。

③ 课程管理中能够修改、添加新开课程，删除淘汰课程。

④ 授课管理中要记录教师所教授课程的课时数、授课的时段(哪一学年、哪一学期)，并提供查询、修改和简单的统计功能。

(2) 系统中有 3 个实体。①教师；②课程；③部门。

(3) 每个实体对应的属性。

① 教师实体的属性：工号，姓名，性别，出生日期，所属部门。

② 课程实体的属性：课程编号，课程名称，课程性质(考试课还是考查课)。

③ 部门实体的属性：部门编号，部门名称。

请画出教师授课管理系统的局部和全局的 E-R 图，并且将 E-R 图转化为关系模式，要求满足 3NF。

(4) 该系统的规则是：一个教师可以教授多门课程，一门课程也可以被多个教师教授；一个部门有多个教师，一个教师仅仅属于一个部门。

2. 要开发一个图书借还管理系统，系统要能够进行读者管理、图书管理和借还管理。

(1) 主要功能具体如下。

① 读者管理中能够查询、修改、添加和删除读者的基本信息。

② 图书管理中能对图书信息进行查询、修改、添加新增图书，删除遗失或者淘汰的图书。

③ 借还管理中要记录借还图书的时间，并提供查询、修改和简单的统计功能。

④ 书库管理中能够查询、修改、添加和删除书库的基本信息。

(2) 系统中有 3 个实体。①读者；②图书；③书库。

(3) 每个实体对应的属性。

① 读者实体的属性：读者编号,读者姓名,读者性别。

② 图书实体的属性：图书编号,图书名称,出版时间,图书价格,标准书号,所属书库。

③ 书库实体的属性：书库编号,书库名称,书库地点,库存数量。

(4) 该系统的规则是：一个读者可以借阅多本图书,一本图书也可以被多个读者借阅；一个书库可以存放多本图书,一本图书仅仅存放于一个书库。

请画出图书借还管理系统局部和全局的 E-R 图,并且将 E-R 图转化为关系模式,要求满足 3NF。

二、理论题

1. 单选题

(1) 数据库系统的核心是(　　)。

A. 数据模型　　B. 数据库管理系统
C. 数据库　　D. 数据库管理员

(2) E-R 图提供了表示信息世界中实体、属性和(　　)的方法。

A. 数据　　B. 联系　　C. 表　　D. 模式

(3) E-R 图是数据库设计的工具之一,它一般适用于建立数据库的(　　)。

A. 概念模型　　B. 结构模型　　C. 物理模型　　D. 逻辑模型

(4) 将 E-R 图转换到关系模式时,实体与联系都可以表示成(　　)。

A. 属性　　B. 关系　　C. 键　　D. 域

(5) 在关系数据库设计中,设计关系模式属于数据库设计的(　　)。

A. 需求分析阶段　　B. 概念设计阶段
C. 逻辑设计阶段　　D. 物理设计阶段

(6) 从 E-R 模型向关系模型转换,一个 $m:n$ 的联系转换成一个关系模式时,该关系模式的键是(　　)。

A. M 端实体的键　　B. N 端实体的键
C. M 端实体键与 N 端实体键组合　　D. 重新选取其他属性

(7) 在关系数据库中,能够唯一地标识一个记录的属性或属性的组合,称为(　　)。

A. 主键　　B. 属性　　C. 关系　　D. 域

(8) 对于现实世界中事物的特征,在实体—联系模型中使用(　　)。

A. 属性描述　　B. 关键字描述
C. 二维表格描述　　D. 实体描述

(9) DB、DBS 和 DBMS 三者之间的关系是(　　)。

A. DB 包括 DBMS 和 DBS　　B. DBS 包括 DB 和 DBMS
C. DBMS 包括 DB 和 DBS　　D. 不能相互包括

(10) 下列数据模型中,不属于数据库系统的是(　　)。

A. 实体联系模型　　B. 关系模型
C. 网状模型　　D. 层次模型

(11) 如果关系模式 R 属于 1NF，且每个非主属性都完全函数依赖于 R 的主码，则 R 属于(　　)。

A. 2NF　　B. 3NF　　C. BCNF　　D. 4NF

(12) 在下列关于关系的叙述中，不正确的是(　　)。

A. 行在表中的顺序无关紧要　　B. 表中任意两行的值不能相同

C. 列在表中的顺序无关紧要　　D. 表中任意两列的值不能相同

2. 填空题

(1) 数据库系统的运行与应用结构有客户/服务器结构(C/S 结构)和________两种。

(2) 用二维表结构表示实体以及实体间联系的数据模型称为________数据模型。

(3) 数据库设计包括概念设计、________和物理设计。

(4) 在 E-R 图中，矩形表示________。

(5) 描述概念模型的工具是________。

(6) 一个关系模式的 3NF 是指它们的________都不传递依赖它的任一候选键。

3. 简答题

(1) 什么是数据库?

(2) 数据库系统的特点和结构是什么?

(3) 什么是关系数据库?

(4) 如何理解关系模式的三个范式?

(5) 数据库设计的步骤有哪些?

项目 2　创建和管理数据库

学习了数据库基础，并安装好软件之后，接下来就要为学生成绩管理系统创建数据库，同时也要做好数据库的修改、分离、附加等管理工作。

本项目涉及的知识点和任务如图 2-1 所示。

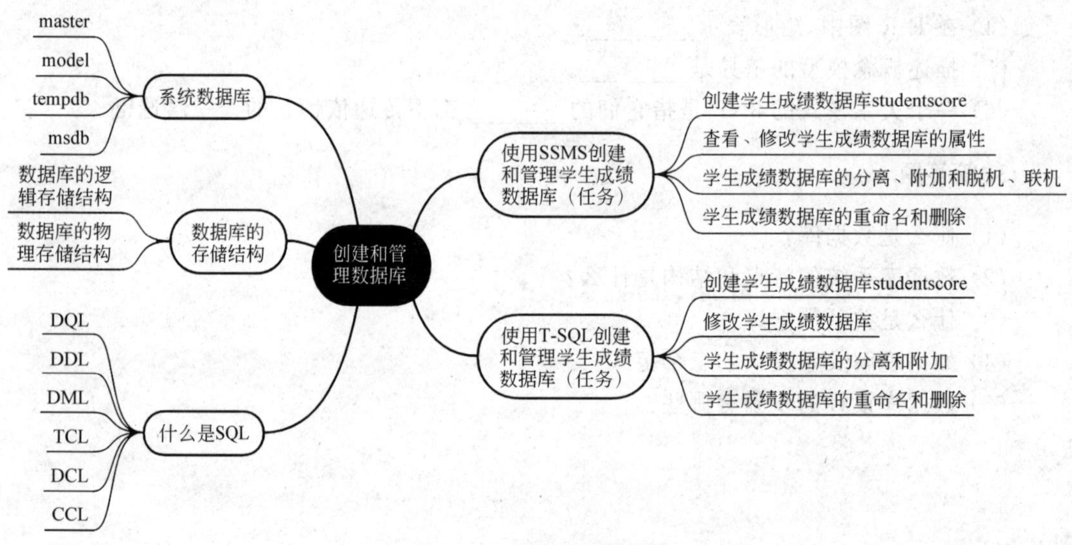

图 2-1　项目 2 思维导图

项目目标

- 了解系统数据库以及数据库的存储结构，数据库的存储结构是重点。
- 学会数据库的创建和管理。
- 明确学习 SQL 的意义，树立自立自强的观念，防止数据库软件被卡脖子。

2.1　知识准备

知识 2-1　系统数据库

知识 2-1

展开 SSMS 对象资源管理器中数据库目录，可以看到 3 种数据库：系统数据库、数据库快照和用户数据库。前两个是放在文件夹里的，与用户数据库隔开存放。

自己创建的数据库就是用户数据库。在此之前,对前两种数据库要有所了解。

(1) 系统数据库包括 master、model、tempdb、msdb,如表 2-1 所示。

表 2-1 系统数据库及说明

系统数据库	说明
master	记录了 SQL Server 的系统级信息,包括系统中所有的登录账户,系统配置信息,其他数据库是否存在及其文件的位置,SQL Server 的初始化信息等
model	所有用户数据库和 tempdb 数据库的模板。当创建数据库时,系统将 model 数据库中的内容复制到新建的数据库中作为新建数据库的基础
tempdb	临时数据库。用于保存所有的临时表和临时中间结果等。tempdb 数据库在 SQL Server 每次启动时都重新创建,因此它在系统启动时总是空的
msdb	SQL Server 代理服务使用的数据库,为警报、作业、任务调度和记录操作员的操作提供存储空间

(2) 数据库快照是数据库(称为“源数据库”) 在某一时间点的只读静态视图,主要为报表服务。自创建那刻起,数据库快照在事务上与源数据库一致。数据库快照始终与其源数据库位于同一服务器实例上。当源数据库更新时,数据库快照也将更新。

知识 2-2 数据库的存储结构

知识 2-2

数据库的存储结构分为逻辑存储结构和物理存储结构,逻辑存储结构是指数据库中包含的对象,物理存储结构是指数据库文件是如何存储的。

1. 数据库的逻辑存储结构

画图表示数据库时,通常用圆柱体,很形象地表示数据库是一个容器,数据库对象都包含其中。数据库中包含的主要数据库对象及其简要说明如表 2-2 所示。

表 2-2 主要数据库对象

数据库对象	说明
表	行、列构成的集合,用来存储数据。表中还包含约束、触发器、索引等对象
数据类型	定义列或变量的数据类型,有系统数据类型,也允许用户定义数据类型
约束	制约表中的数据,增强其有效性和完整性
触发器	特殊的存储过程,当表中的数据发生变化并触发触发器时,该存储过程会被执行
索引	为数据快速检索提供支持,类似于图书的目录
视图	由表或者其他视图导出的虚拟表
存储过程	存放在服务器的一组预先编译好的 SQL 语句

2. 数据库的物理存储结构

数据库的物理存储结构主要有文件、文件组等,主要描述 SQL Server 如何为数据库分配存储空间。

(1) SQL Server 数据库文件有 3 种类型：主数据文件、次数据文件(可选的辅助数据文件)和事务日志文件，各文件的说明如表 2-3 所示。表中 3 种类型的文件都有默认的扩展名，SQL Server 不强制使用，用户可以修改，但不建议这样做。

表 2-3 数据库文件

文件类型	说明
主数据文件	包含数据库的启动信息，每个数据库只有一个主数据文件，默认的扩展名是 mdf
次数据文件	可选。如果担心主数据库文件的容量增长超过了 Windows 的限制，就可以使用次数据文件，默认的扩展名是 ndf
事务日志文件	保存恢复数据库的日志信息，每个数据库至少有一个日志文件，默认的扩展名是 ldf

(2) 文件组类似于文件夹，是用来给数据文件分组的，以便管理和分配数据，不适用于事务日志文件。文件组有主文件组和用户定义的文件组。主文件组 PRIMARY 默认存在，主数据文件默认属于主文件组。

知识 2-3 SQL 和 T-SQL

知识 2-3

1. 什么是 SQL

结构化查询语言(structured query language，SQL)当然不仅仅是能够查询，它是一种数据库查询和程序设计语言，用于存取数据以及查询、更新和管理数据库。SQL 程序必须在 DBMS 中才能够执行，不能独立于数据库而存在，专门用来和数据库通信。

SQL 是非过程化语言，进行数据操作，只要提出“做什么”，而无须指明“怎么做”，因此无须说明具体处理过程和存取路径，由系统自动完成。

SQL 是面向集合的操作方式，不仅操作对象、查找结果可以是记录的集合，一次插入、删除、更新操作的对象也可以是记录的集合。

SQL 语言能够用于联机交互，用户可以通过终端键盘直接输入 SQL 命令对数据库进行操作，也可以嵌入高级语言程序中使用，非常灵活、方便。

SQL 集数据查询(DQL)、数据定义(DDL)、数据操纵(DML)、数据控制(DCL)等功能为一体。SQL 包含的部分如表 2-4 所示。

表 2-4 SQL 包含的部分

名称	说明
数据查询语言(data query language，DQL)	从表中获得数据，其中 SELECT 是 DQL(也是所有 SQL)用得最多的保留字
数据定义语言(data definition language，DDL)	包括 CREATE、ALTER 和 DROP，在数据库中创建、修改和删除数据库对象
数据操作语言(data manipulation language，DML)	包括 INSERT、UPDATE 和 DELETE，分别用于添加、修改和删除表中的行
事务控制语言(transaction control language，TCL)	包括 BEGIN TRANSACTION、COMMIT 和 ROLLBACK 等事务处理语句

续表

名　　称	说　　明
数据控制语言(data control language,DCL)	包括 GRANT、REVOKE,实现权限控制,确定单个用户和用户组对数据库对象的访问。某些 RDBMS 可用 GRANT 或 REVOKE 控制对表单个列的访问
指针控制语言(cursor control language,CCL)	包括 DECLARE CURSOR、FETCH INTO 和 UPDATE WHERE CURRENT,用于对一个或多个表单独行的操作

SQL 接近英语口语,语言简洁,易用易学。

2. 什么是 T-SQL

SQL 已经成为国际标准,各种通行的数据库系统在支持 SQL 规范的同时都做了某些改编和扩充。微软的 SQL Server 对标准 SQL 改进后,称为 Transact-SQL,简称为 T-SQL。

3. 为什么要学习使用 SQL

SSMS 为管理和开发数据库提供了可视化的环境和强大的功能,也就是说,使用鼠标的相关操作,再配合键盘的一些操作,就能完成一些复杂的数据库工作,这也是本书采用这款软件的原因。本书从项目 2～项目 10 的任务中,除了查询、存储过程和触发器以外,都是先用 SSMS 进行创建和管理数据库对象,然后用 T-SQL 完成同样任务的操作,前面使用的图形化工具可以看作是后面理解、掌握 SQL 代码的手段。

但是,SSMS 仍然不能完全代替 SQL,毕竟先有 SQL,后来为了操作方便才出现图形化的工具。同时,某些数据库对象的操作就只能依靠 SQL 来完成,比如查询、存储过程和触发器。更主要的原因是,提供给访问数据库的应用程序的操作方式只能是 SQL——一套能够识别并能够执行相应操作的指令集。不管这个应用程序是在数据库服务器端还是在客户端,SQL 都是唯一的方式。

还有一个原因就是 SQL 的通用性。所有数据库产品都支持标准 SQL,不管是 Microsoft SQL Server,还是 Oracle、Sybase、DB2、MySQL 等,无一例外。

全国计算机等级考试中,数据库科目的完整名称是数据库程序设计,所以,把数据库看作 SQL 语言的程序设计是理所应当的,我们将在项目 8 中学习。项目 2～项目 7 也会用到项目目标所需要的 SQL 语言基础,但是因为 SQL 语言的非过程化特点,不需要全部学习其程序设计的基础就可以实现。

2.2 任务划分

任务 2-1 使用 SSMS 创建和管理学生成绩数据库

任务 2-1

提出任务

使用 SSMS 创建学生成绩数据库,并能够对此数据库进行修改、分离、附加以及重命名、删除的管理。

实施任务

1. 创建学生成绩数据库 studentscore

在 SSMS 的对象资源管理器中选择“数据库”节点，在其右键快捷菜单上执行“新建数据库”命令，弹出“新建数据库”对话框，如图 2-2 所示。

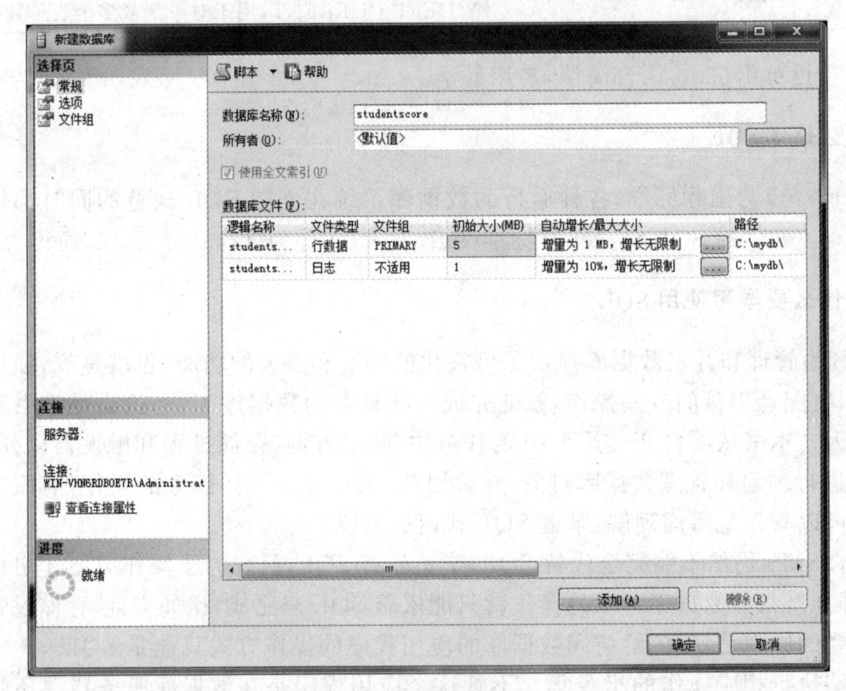

图 2-2 “新建数据库”窗口

在“数据库名称”文本框中输入 studentscore，作为学生成绩数据库的名称。数据库、表及列等数据库对象的名称建议使用有意义的英文或汉语拼音，以免在写 SQL 代码并引用到这些数据库对象时来回切换输入法。

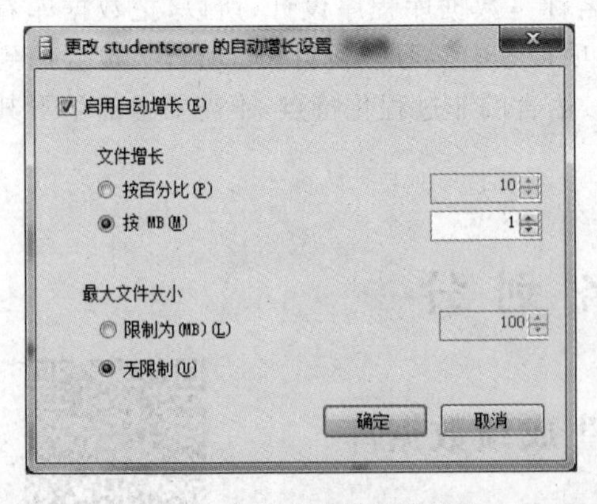

图 2-3 文件自动增长的设置

在“数据库文件”列表框里可以看到 1 个数据文件和 1 个日志文件，对应文件类型里的“行数据”和“日志”。单击“自动增长/最大大小”列里的扩展按钮，打开如图 2-3 所示的对话框进行文件自动增长的设置对话框。此处既可以更改文件的增长方式，也可以更改两个文件的初始大小、路径和文件名(往右移动数据库文件列表框的水平滚动条就能看到)。图 2-2 中的两个文件的初始大小是最小值，如果小于这个最小值，创建数据库时会提示出错。

注意：不同版本的 SQL Server 中数据文件初始大小的最小值会有所不同。
因为在图 1-30 中对数据库默认位置做了修改，所以这里显示修改后的路径。

文件名是物理文件的名称，系统根据输入的数据库名称自动创建。默认情况下，逻辑名称和物理文件的名称相同。

单击图 2-2 中的“添加”按钮，可以添加数据库文件。添加的文件在文件类型列里可以选择是数据文件（行数据）还是日志文件（日志）。单击“删除”按钮，可以删除添加的文件，但是主数据文件不能删除。

添加文件的逻辑名称也要输入，同时，初始大小、增长方式、路径和文件名都可以修改。添加完成以后，在相应的路径上可以看到已经添加的物理文件。

文件组属性是根据文件类型的不同而变化，默认的数据文件是 PRIMARY 文件组属性，日志文件没有文件组属性，显示为“不适用”。如果添加的文件是数据文件，文件组可以选择 PRIMARY 或者“＜新文件组＞”；如果是日志文件，文件组就只能是“不适用”。选择 PRIMARY，是主文件组；选择“＜新文件组＞”，就会弹出“新建文件组”对话框，创建后就是用户定义的文件组。

单击图 2-2 左上角“选择页”列表框中的“选项”，可以设置新建数据库的排序规则、恢复模式等内容；单击“选择页”列表框中的“文件组”，可以添加或删除用户定义的文件组。

在此都取默认值，单击“确定”按钮，就创建好了学生成绩数据库，对象资源管理器里能够看到创建好的数据库 studentscore。按刚才“路径”和“文件名”的内容，在计算机里就可以找到相应的两个文件。

2. 查看、修改学生成绩数据库的属性

创建好数据库以后，在 SSMS 的对象资源管理器中选择 studentscore 数据库，右击并从快捷菜单中选择“属性”命令，就可以打开“数据库属性”对话框。首先看到的是“常规”页的内容，包括备份、数据库、大小和维护的详细信息。此处选择“文件”页，如图 2-4 所示，可以修改一些已有的数据库文件的属性，也可以添加数据库文件来对数据库进行扩展。

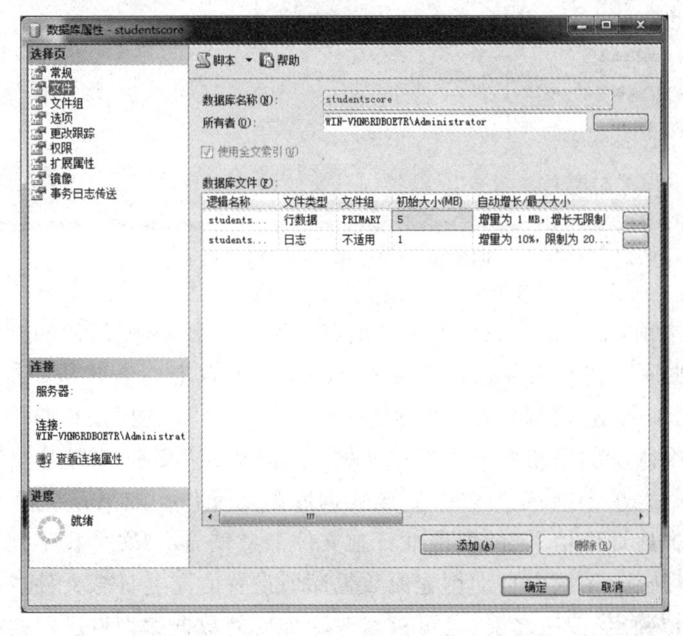

图 2-4 选择“文件”页

3. 学生成绩数据库的分离、附加和脱机、联机

如果要把 studentscore 数据库移到另一台计算机上,使用数据库的分离和附加操作最方便。如果只想复制数据库文件,可以先让数据库脱机,复制完成以后再联机即可。脱机时,数据库无法使用,但是数据文件是可以复制、删除的。联机时,数据库可以正常使用,但是不允许对数据库文件进行任何复制、删除等操作。脱机、联机操作比较简单,不再介绍。

(1) 分离数据库。分离数据库就是把数据库从当前的 SQL Server 实例中移除,也就是将数据库文件和数据库管理系统分开,分离后的数据库文件就像普通的 Windows 文件一样进行复制、粘贴,当然也可以附加到当前或者其他数据库实例中。

右击 studentscore 数据库,从弹出的快捷菜单中选择"任务"→"分离"命令,打开"分离数据库"对话框,如图 2-5 所示。单击"确定"按钮就可以分离。如果数据库有一个或者多个活动连接时,则必须选中"删除连接"复选框,才能分离成功。

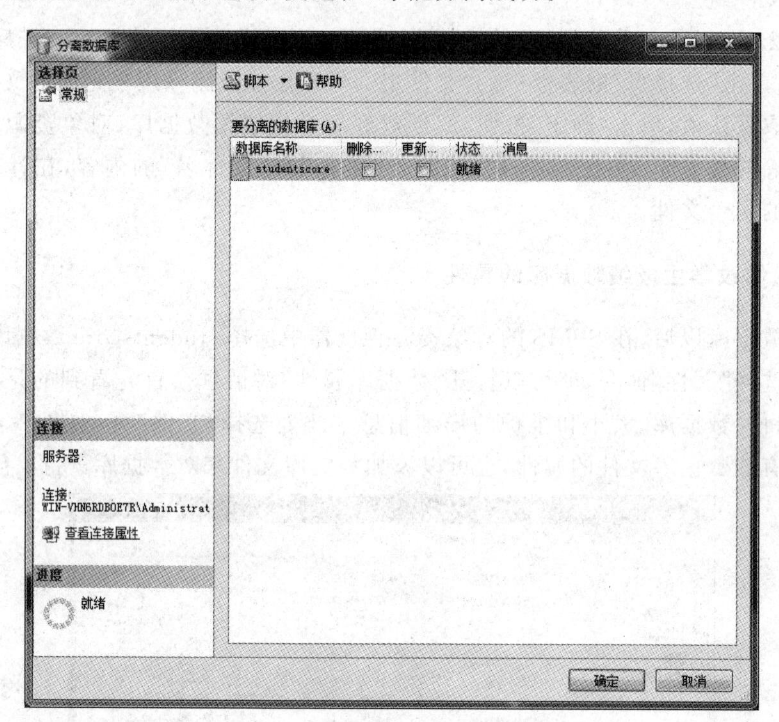

图 2-5 "分离数据库"对话框

当然在分离之前,最好记住数据库文件的路径和文件名,方便后面的操作。

(2) 附加数据库。在对象资源管理器中"数据库"节点上右击并从快捷菜单中选择"附加"命令,打开"附加数据库"对话框,如图 2-6 所示。使用"添加"按钮打开"定位数据库文件"对话框,找到要附加的数据库的主数据文件,单击"确定"按钮,系统会自动找到相应的日志文件,确认无误后,单击"确定"按钮,完成数据库附加操作。如果系统没有找到相应的日志文件,会在"数据库详细信息"的列表框日志文件消息里显示"文件找不到",单击"删除"按钮,再单击"确定"按钮,系统会自动创建原数据库所设置的同名日志文件。

当然,在单击"确定"按钮之前,也可以修改附加后的数据库为自己想要的名字。

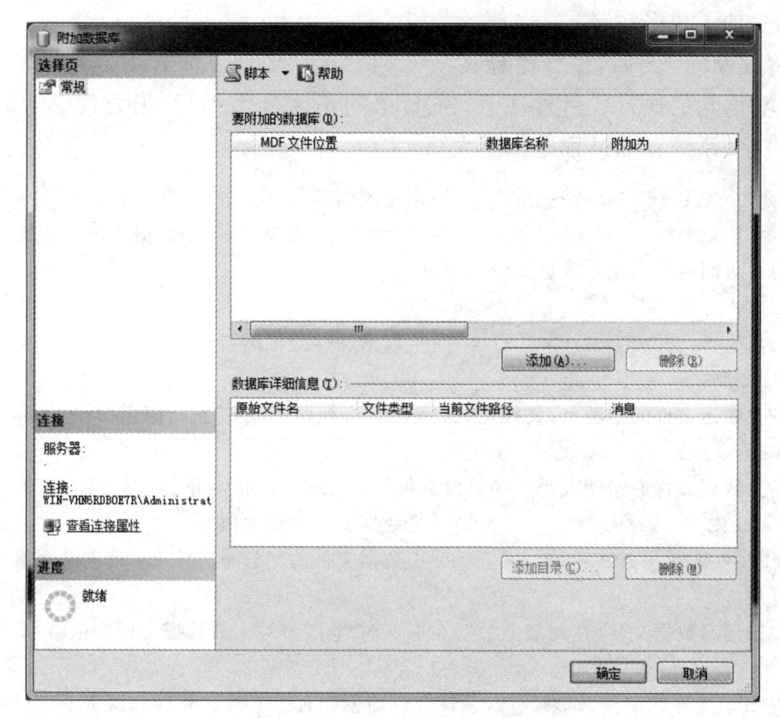

图 2-6　“附加数据库”对话框

附加数据库的版本向下兼容，低版本的 SQL Server 数据库文件可以附加到高版本中，反之则系统不允许。

4. 学生成绩数据库的重命名和删除

右击 studentscore 数据库并从快捷菜单中选择“重命名”或“删除”命令，就可以完成相应的操作。删除之后，相应路径的物理文件就都没有了，所以数据库一旦删除，文件和数据就会永久删除，不能恢复。

任务 2-2　使用 T-SQL 创建和管理学生成绩数据库

任务 2-2

提出任务

使用 T-SQL 创建学生成绩数据库，并能够对此数据库进行修改、分离、附加以及重命名、删除的管理。

注意：本书很多使用 T-SQL 的任务和前面的任务相同，只是为了达到学习的目的。为了操作方便，读者可以删除任务 2-1 中创建的数据库 studentscore。

实施任务

1. 创建学生成绩数据库 studentscore

单击 SSMS 窗口工具栏中的“新建查询”按钮，打开“新建查询”窗口，输入如下代码。

为了帮助理解,加了很多注释。

单行注释是从"--"开始,多行注释在"/ * "和" * /"之间。注释可以帮助读者更好地理解语句,不影响语句的执行。另外注意,SQL 语句不区分大小写,为方便学习时辨认,SQL 语句中的关键字、系统存储过程等都用大写。

```
CREATE DATABASE studentscore       --创建数据库 studentscore
   ON  PRIMARY                     --PRIMARY 可省略,第 1 个数据文件默认属于主文件组
--下面的一对圆括号内是主数据文件的信息
   (
     NAME = 'studentscore',        --主数据文件的逻辑名
     FILENAME = 'C:\mydb\studentscore.mdf' ,
     --主数据文件的物理名,文件夹"C:\mydb"必须存在,不然执行时会出错——目录查找失败
     SIZE = 5MB ,
     --主数据文件的初始大小。如果没有单位,系统会以 MB 为单位。下同
     MAXSIZE = UNLIMITED,          --主数据文件的最大值
     FILEGROWTH = 1MB              --主数据文件的增长率。注意:行末没有逗号
   )
   --如果还有数据文件,在此加上",",在下一对"( )"里写入新数据文件的信息

/ * 下面是日志文件的信息,如果默认,系统会自动创建日志文件。路径和服务器属性中的数据库设
   置有关,初始大小、最大值、增长率等会因不同的 SQL Server 版本而有所不同 * /
LOG ON
   (
     NAME = 'studentscore_log',                          --日志文件的逻辑名
     FILENAME = 'c:\mydb\studentscore_log.ldf' ,         --日志文件的物理名
     SIZE = 1MB ,                                        --日志文件的初始大小
     MAXSIZE = 2048GB ,                                  --日志文件的最大值
     FILEGROWTH = 10%                                    --日志文件的增长率
   )
--如果还有日志文件,在此加上",",在下一组"( )"里写新日志文件的信息
GO        --语句批处理的标志,如果只有 1 条批处理语句,可省略
```

打开"新建查询"窗口后,SSMS 工具栏中会出现查询编辑器工具栏,单击工具栏中的"分析"按钮,可以分析输入的 SQL 语句的语法,语法正确后单击"执行"按钮执行 SQL 语句,或者直接按 F5 键(查询窗口可以只分析和执行选中的语句)。这里要避免创建和 studentscore 同名的数据库。成功创建数据库后,消息栏出现"命令已成功完成",如图 2-7 所示。在对象资源管理器的"数据库"节点上刷新,或者单击对象资源管理器上的"刷新"按钮,再展开"数据库"节点,就可以看到新建的数据库了。按上面代码中的 FILENAME 的内容,在计算机里就可以找到相应的两个文件。

注意:查询分析器里面的 SQL 代码可以只分析、执行选中的内容,非常灵活、方便。

图 2-7 中,由 T-SQL 语句组成的文件称为脚本文件,扩展名为.sql,可以保存起来。这是文本文件,既可以像一般的 T-SQL 一样执行,也可以由记事本打开编辑。

将上述代码逐条对比任务 2-1 使用 SSMS 创建数据库的过程,去理解 SQL 语句的含义,并且反复练习,才能掌握 SQL。没有第二种方法。

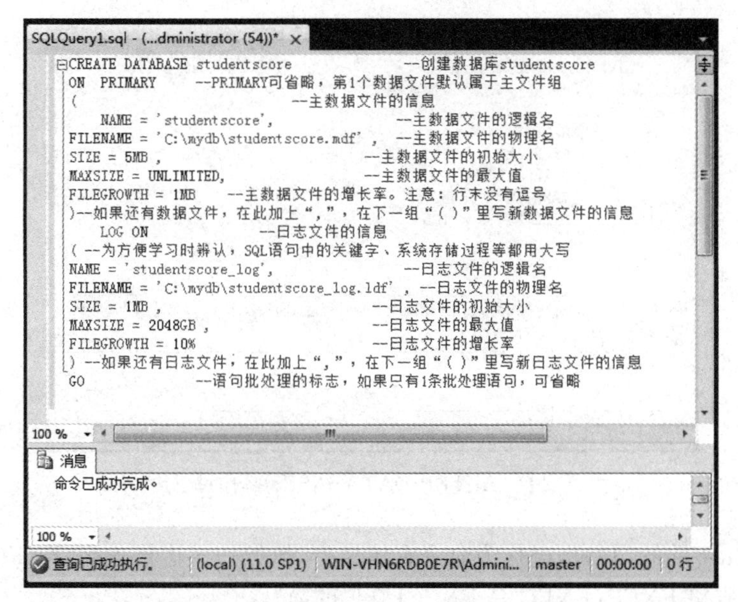

图 2-7 CREATE DATABASE 语句的执行

2. 修改学生成绩数据库

(1) 修改学生成绩数据库，为 studentscore 数据库增加一个数据文件。

```
ALTER DATABASE studentscore          --修改数据库 studentscore
  ADD FILE
  --添加数据文件。添加日志文件用 ADD LOG FILE 语句，修改某个文件属性用 MODIFY FILE 语句
    (
      NAME = 'studentscore_data2',
      FILENAME = 'c:\mydb\studentscore_data2.ndf',
      SIZE = 5MB,
      MAXSIZE = 50MB,
      FILEGROWTH = 1MB
    )
GO
```

ALTER DATABASE 语句的执行结果如图 2-8 所示。成功执行语句后，查看 studentscore 数据库属性的“文件”页，可以看到多了一个数据文件。在代码中没有指定文件组的情况下，该数据文件默认属于 PRIMARY 主文件组。当然，在新添加文件的路径位置可以找到对应的物理文件。

(2) 删除刚才添加的数据文件。

```
ALTER DATABASE studentscore REMOVE FILE studentscore_data2
GO              --如果要删除日志文件，也用 REMOVE FILE 语句
```

3. 学生成绩数据库的分离和附加

使用 T-SQL 分离和附加数据库，要执行系统存储过程。存储过程的概念在表 2-2 中介绍过。系统存储过程是系统自带的，主要存储在 master 数据库中，名称以“sp_”开头(sp 是

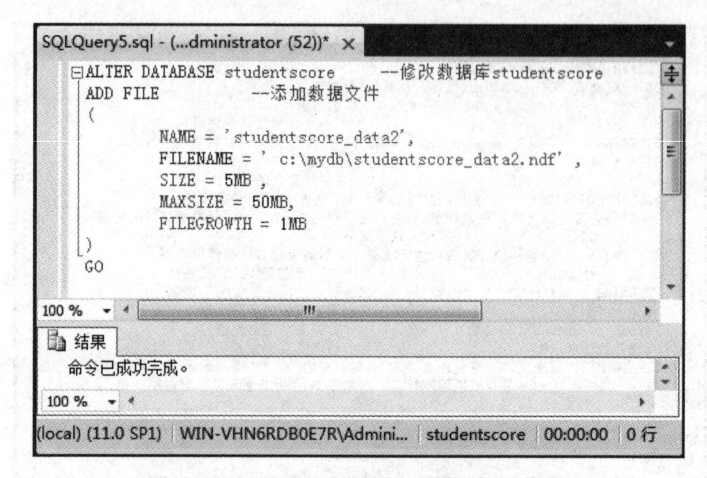

图 2-8 ALTER DATABASE 语句的执行

system procedure 的简写),可以作为命令直接执行,执行的语法格式为"EXEC 系统存储过程名称",或者省略 EXEC(EXEC 是 EXECUTE 的简写)。

(1) 分离 studentscore 数据库。

```
EXEC SP_DETACH_DB studentscore      --如果数据库正在使用,则不能分离
```

上面的语句成功执行后,刷新对象资源管理器的"数据库"节点,则 studentscore 数据库没有了。

(2) 附加 studentscore 数据库。

```
EXEC SP_ATTACH_DB @dbname=studentscore,            --数据库名称参数
     @filename1='c:\mydb\studentscore.mdf'  --主数据文件参数
```

上面的语句成功执行后,刷新对象资源管理器的"数据库"节点,则能够看到 studentscore 数据库。

分离数据库的存储过程 SP_DETACH 是不带参数的,附加数据库的存储过程 SP_ATTACH_DB 是带参数的,@dbname、@filename1 是参数名称。

4. 学生成绩数据库的重命名和删除

(1) studentscore 数据库重命名为 ss_db。

```
ALTER DATABASE studentscore MODIFY NAME = ss_db
```

也可以执行系统存储过程 SP_RENAMEDB 来重命名数据库,即

```
SP_RENAMEDB 'studentscore', 'ss_db'         --省略 EXEC
```

注意:调用存储过程时,如果不是批处理中的第一条语句,不能省略 EXEC。

(2) 删除 ss_db 数据库。

```
DROP DATABASE ss_db                   --删除 ss_db 数据库
```

DROP DATABASE 语句的执行结果如图 2-9 所示,数据库 ss_db 删除成功。

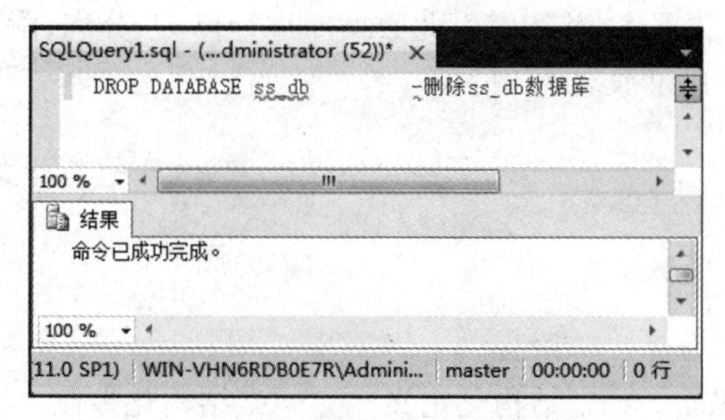

图 2-9　DROP DATABASE 语句的执行

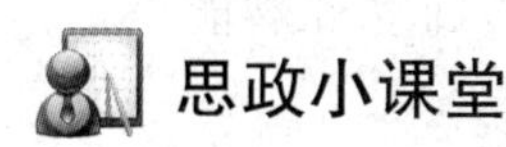

思政小课堂

学习 SQL 的重要意义

2013 年 6 月，美国中央情报局前雇员斯诺登曝光美国政府的“棱镜”计划，一时间，举世震惊。但是，这也让有识之士认识到信息安全是摆在政府和企业面前的重大问题。而公认的一个解决方案是采用国产设备和软件。因为只有使用中国企业自主研发的芯片、服务器、操作系统、数据库等产品，才能实现自主可控，保证企业和国家信息安全。

如果说“棱镜门”事件让国人认识到国产基础软件的重要性，那么卡脖子事件则暴露出困扰中国科技领域长期存在的“缺芯少魂”问题。它再次警示我们，如果自己不掌握核心关键技术，那么很容易被“卡脖子”。经过数十年的研发，国产操作系统已成功应用于嫦娥探月、北斗导航、天问一号等国家关键项目中。但在商用领域，中国操作系统乃至数据库、中间件、办公套件等基础软件的竞争力仍十分薄弱，外企占据着国内大部分的市场份额。

不得不说，Microsoft 在计算机普及方面作出了巨大贡献，自身也成长为国际上数一数二的大公司。操作系统从 Windows 3.1 到 Windows 95、Windows 98，再到现在的 Windows 7、Windows 10 等，和其他厂商的计算机相关产品一起使得计算机从最初的、仅仅是实验室的设备，变成了家用电器；程序设计从 Visual Basic、Visual FoxPro 到现在的 Visual Studio、SQL Server 等，因为优秀图形化工具和本地化语言的出现，使得原先只能是专业技术人员掌握的技术，变成了普通大众也能够学会和使用的技能。但是，享受便利的同时，也要付出高昂的代价。我国的操作系统和程序设计的市场被像 Microsoft、Oracle 等这样的厂商牢牢占据着。随着中国的高速发展，应该警惕如操作系统和程序设计这样的计算机软件被国外卡着脖子的状况出现。所以，我们要树立自立自强的观念，明确学习 SQL 的重要意义。

拓 展 训 练

一、实践题

延续项目 1 中的拓展训练实践题，分别使用 SSMS 和 T-SQL 完成下面的训练内容。

（1）创建教师授课数据库，并能够对此数据库进行修改、分离、附加以及重命名、删除的管理。教师授课数据库建议取名为 teacherlesson。

(2) 创建图书借还数据库,并能够对此数据库进行修改、分离、附加以及重命名、删除的管理。图书借还数据库建议取名为 library。

二、理论题

1. 单选题

(1) SQL 语言被称为(　　)语言。

A. 结构化操纵　　B. 结构化定义　　C. 结构化控制　　D. 结构化查询

(2) SQL 是一种(　　)语言。

A. 函数型　　B. 高级算法　　C. 关系数据库　　D. 人工智能

(3) 下列的 SQL 语句中,(　　)不是数据定义语句。

A. CREATE TABLE　　B. GRANT

C. CREATE VIEW　　D. DROP VIEW

(4) SQL 语言是(　　)的语言,容易学习。

A. 导航式　　B. 过程化　　C. 格式化　　D. 非过程化

(5) SQL 语言集数据查询、数据操纵、数据定义和数据控制功能于一体,其中,CREATE、DROP、ALTER 语句实现的功能是(　　)。

A. 数据操纵　　B. 数据控制　　C. 数据定义　　D. 数据查询

(6) SQL 语言集几个功能模块为一体,其中不包括(　　)。

A. DCL　　B. DML　　C. DNL　　D. DDL

(7) SQL Server 系统数据库中的 master 数据库是(　　)。

A. 主数据库　　B. 模板数据库　　C. 临时数据库　　D. 代理数据库

2. 填空题

(1) 在 SQL Server 中,用于创建一个数据库的 SQL 命令是________。

(2) 在 SQL Server 中,用于修改一个数据库的 SQL 命令是________。

(3) 在 SQL Server 中,用于删除一个数据库的 SQL 命令是________。

3. 简答题

(1) 数据库的存储结构是什么?

(2) 什么是 SQL 语言? SQL 语言的特点是什么?

(3) 为什么要学习使用 SQL 语言?

项目3　创建和管理表以及操作表中的数据

数据是放在数据库的表中的，按照设计学生成绩数据库所得到关系模式，在 studentscore 数据库中创建表，并对表进行修改、删除等操作，还要在表中插入、修改和删除数据。

本项目涉及的知识点和任务如图 3-1 所示。

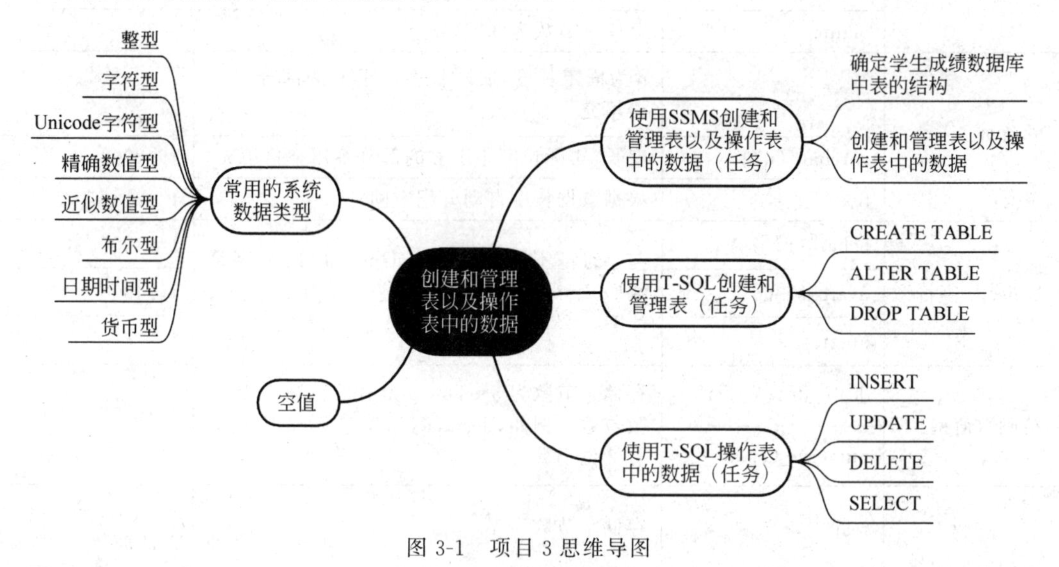

图 3-1　项目 3 思维导图

项目目标

- 了解数据库常用的数据类型，掌握一些最基本的数据类型的使用。
- 掌握表的创建和管理。
- 掌握表中数据的基本操作。
- 保持耐心、细致的学习态度，调试 SQL 代码。

3.1　知识准备

知识 3-1

1. 数据类型

要处理数据，就要考虑数据的值和存储格式，数据的值所表达的信息有一定的范围和运算方式。比如,成绩一般是数字,范围通常是 0～100,能够进行数学运算。姓名一般是 3 个左右的汉字,就不能进行数学运算。成绩和姓名就是不同类型的数据,当然,不同的数据类型存储格式也不相同。所以,为了处理数据的方便,SQL Server 数据库提供了很多数据类型,称为系统数据类型。除此之外,还有用户定义数据类型,一般是在系统数据类型的基础上,做一些取值范围等的重新定义。

常用的系统数据类型如表 3-1 所示。要使用表格中未列出的数据类型,请查阅 SQL Server 联机丛书或者相关资料。

表 3-1　常用的系统数据类型

类　别	数据类型	存储字节数及说明	范　围
整型	tinyint	存储字节数为 1	$0\sim2^8-1$
	smallint	存储字节数为 2	$-2^{15}\sim2^{15}-1$
	int	存储字节数为 4	$-2^{31}\sim2^{31}-1$
	bigint	存储字节数为 8	$-2^{63}\sim2^{63}-1$
字符型	char[(n)]	n 为固定长度,实际长度小于 n 的部分用空格填充	1～8000
	varchar[(n)]	变长,实际长度小于 n 的部分不用空格填充	1～8000
	text	根据数据长度自动分配空间	$1\sim2^{31}-1$
Unicode 字符型	nchar[(n)]	与字符型不同的是采用 Unicode(统一字符编码)字符集,以 2 字节作为 1 个存储单位。注意:一个汉字占 2 字节	1～4000
	nvarchar[(n)]		1～4000
	ntext		$1\sim2^{30}-1$
精确数值型	decimal[(p[,s])]	存储字节数为 5～17。p 是有效位数,s 是小数位数。例如,decimal(7,2)表示 7 位数中有 2 位小数	$-10^{38}+1\sim10^{38}-1$
	numeric[(p[,s])]		
近似数值型	real	存储字节数为 4	$-3.4E+38\sim3.4E38$
	float[(n)]	存储字节数为 8	$-1.79E+308\sim1.79E+308$
布尔型	bit	存储字节数为 1。只存储 NULL(空值)、0、1(非 0)	
日期时间型	smalldatetime	存储字节数为 4。精确到分钟	1900-1-1～2079-6-6
	datetime	存储字节数为 8。精确到 3.33 毫秒	1753-1-1～9999-12-31
货币型	smallmoney	存储字节数为 4。类似于 decimal,但只有 4 位小数	
	money	存储字节数为 8。类似于 decimal,但只有 8 位小数	

2. 空值

空值(NULL)意味着没有输入,表示值未知或未定义,不是 0、空白或零长度的字符串。使用 SSMS 设计表的结构时,“允许 Null 值”的特性决定了该列是否允许有空值。如果使用 SSMS 要将表里原有的非空的列的值改为空值,直接替换为 NULL(用大写,小写无效),或者按 Ctrl+O 组合键即可,T-SQL 里面不区分大小写。

3.2　任务划分

任务 3-1

任务 3-1　使用 SSMS 创建和管理表以及操作表中的数据

提出任务

使用 SSMS 创建学生成绩数据库中的表,并能够对表进行修改、删除的简单管理,以及操作表中的数据。

实施任务

1. 确定学生成绩数据库中表的结构

在知识 1-3(数据库的设计)中,已经设计好了学生成绩管理系统的 3 个关系模式。

学生(学号,姓名,性别,出生日期)
课程(课程编号,课程名称)
成绩(学号,课程编号,成绩)

根据这 3 个关系模式,确定学生表、课程表和成绩表的结构,如表 3-2～表 3-4 所示。

表 3-2　学生表 t_student 的结构

属　性	列　名	数据类型	允许空	说　　明
学号	sno	char(10)	否	学号不能为空
姓名	sname	nchar(10)	是	用 Unicode 字符,可以存储 10 个汉字
性别	ssex	char(2)	是	性别只有男、女
出生日期	sbirthday	smalldatetime	是	

表 3-3　课程表 t_course 的结构

属　性	列　名	数据类型	允许空	说　　明
课程编号	cno	char(10)	否	课程编号不能为空
课程名称	cname	nchar(30)	是	用 Unicode 字符,可以存储 30 个汉字

表 3-4　成绩表 t_score 的结构

属　性	列　名	数据类型	允许空	说　　明
学号	sno	char(10)	否	学号不能为空
课程编号	cno	char(10)	否	课程编号不能为空
成绩	score	tinyint	是	是一个具体的分数

前面说过，表的列名都用英文字母或者汉语拼音，当然也可以用汉字，这既是为了避免使用 SQL 语句时经常切换输入法，也是为了使数据库被移植到没有中文字符集的系统时不出问题，所以，列名、表名、数据库名称以及数据库对象的名称，建议都用有意义的英文字母或者汉语拼音。这里的学生表、课程表和成绩表分别命名为 t_student、t_course 和 t_score，前面加“t_”是为了表示这是表对象。随着数据库的使用，数据库对象会越来越多，所以命名上最好加以区分。

2. 创建和管理表以及操作表中的数据

(1) 创建和管理表。对象资源管理器中选择 studentscore 数据库并展开，在其中“表”节点的右键快捷菜单中选择“新建表”命令，打开“新建表”窗口，按表 3-2 所确定的学生表的结构，输入列名、设置数据类型和“允许 Null 值”，如图 3-2 所示。完成以后保存，保存名称为 t_student。创建成功后，对象资源管理器里可以看到，但这个表是空表，没有数据。

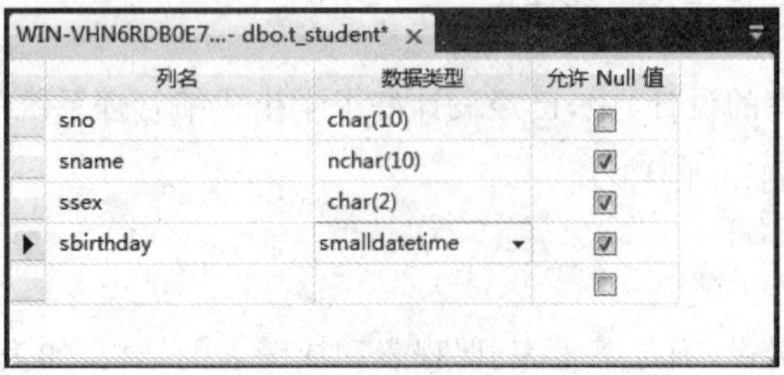

图 3-2　创建学生表

如果对 t_student 表的结构不满意，可以在表的右键快捷菜单里选择“设计”命令，重新打开“设计”窗口进行修改——修改列的名称、列的数据类型等信息，或者添加列及删除列。如果表中已经有了数据，如果修改后数据类型不符合已有的数据，就会报错；添加列完成后，新添加的列上数据为 NULL；删除列完成后，被删除的列上数据全部删除。

对修改后的表进行保存，如果出现提示无法保存的对话框，如图 3-3 所示。需要选择“工具”→“选项”命令，打开“选项”对话框，如图 3-4 所示，左边列表框里选择“设计器”节点，右边的“表选项”框里取消选中“阻止保存要求重新创建表的更改”复选框，单击“确定”按钮，就可以保存表的修改了。

同样地，在 t_student 表的右键快捷菜单里选择“重命名”或者“删除”，就可以完成相应的操作。

在对象资源管理器的“表”节点里展开 t_student 表，可以看其中的列的信息以及其他节点。对于不需要的列可以在其右键快捷菜单里选择“删除”命令，在打开对话框中单击“确定”按钮，将其直接删除。

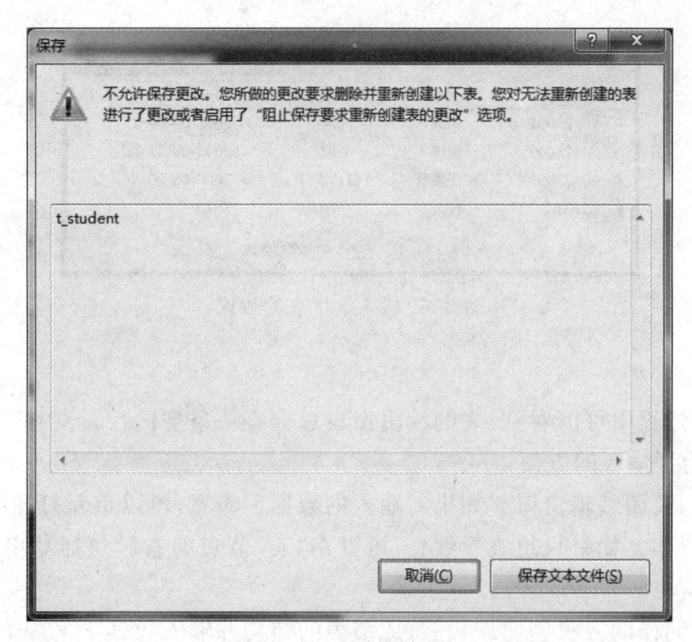

图 3-3　不允许保存更改

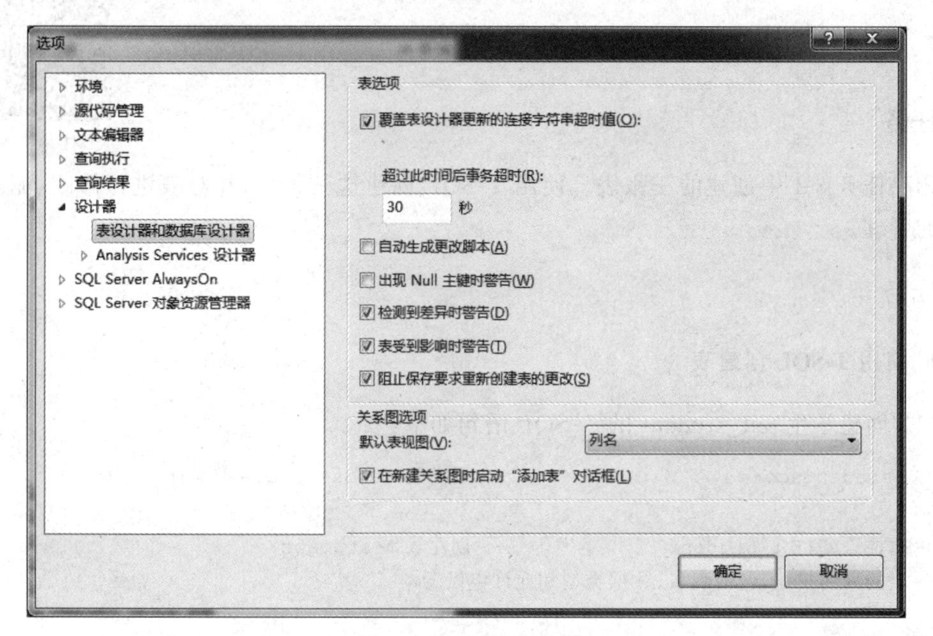

图 3-4　“选项”对话框

(2) 操作表中的数据。在 t_student 表的右键快捷菜单里选择“编辑前 200 行”命令，打开表的编辑窗口，可以输入数据。输入数据时要一行一行地输，输入每一行的时候，左边会有编辑标志。输入完一行后，光标移到上一行或下一行或者关闭编辑窗口时，系统会自动检查输入的数据是否符合要求，比如是否符合数据类型的要求，当然还有其他要求(如数据完整性的要求)。检查无误后，一行数据(一条记录)会自动保存(插入)到数据库中，如图 3-5 所示。

如果输入的数据不符合检查要求，系统会给出错误提示，当前行仍然是编辑状态，需要

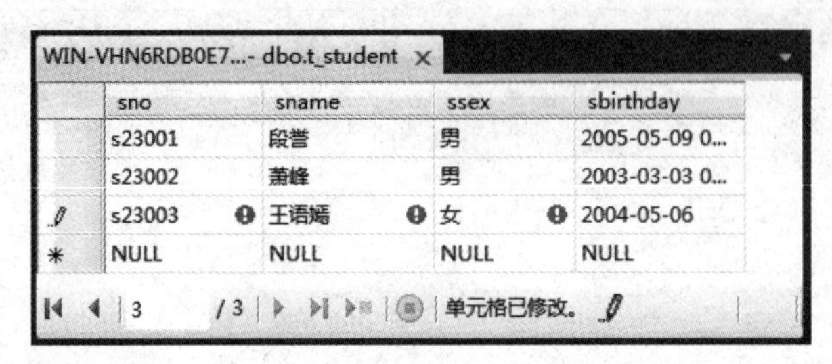

图 3-5　输入学生表的数据

用户进行修改。

输入数据的过程中可以看到，表的编辑窗口总会有一条空白行，行中的每个列都是空值(NULL)，这是为了输入的方便。

输完数据后，关闭编辑窗口。如果对输入的数据不满意，可以重新打开编辑窗口进行添加、修改和删除操作。如果只想查看数据，可以在“表”节点的右键快捷菜单中选择“选择前1000行”命令。

请读者按照同样的方法创建课程表、成绩表的结构并输入数据。

任务 3-2　使用 T-SQL 创建和管理表

任务 3-2

提出任务

删除任务 3-1 中创建的三张表。使用 T-SQL 创建这三张表，并对表进行修改、删除、重命名的管理。

实施任务

1. 使用 T-SQL 创建表

(1) 创建学生表 t_student 的 T-SQL 语句如下：

```
USE studentscore                          --切换到 studentscore 数据库
GO
CREATE TABLE t_student                    --创建表 t_student
--表的列的描述，包括列名、数据类型和允许空设置
(
    sno char(10) NOT NULL,
    sname nchar(10) NULL,
    ssex char(2) NULL,
    sbirthday smalldatetime NULL
)
GO
```

USE 语句在使用 T-SQL 创建和管理数据库时没有用到，如果要用，应该是 USE master，省略后没有影响，因为是数据库级别的操作。在使用 T-SQL 创建表的时候，如果省略此语句，就有可能把表创建到别的数据库中。

当然，如果省略 USE 语句，可以在 SSMS 查询编辑器工具栏的可用数据库列表框里选择 studentscore 数据库，实现 USE 语句同样的效果。为了规范代码的使用，建议使用 USE 语句。

打开新建查询窗口后，在查询编辑器里输入上面的代码，先分析语法，再单击"执行"按钮。如果语法无误则直接执行。成功创建表后，消息栏出现"命令已成功完成"的提示。在对象资源管理器数据库 studentscore 的"表"节点的右键快捷菜单上选择"刷新"命令，或者单击对象资源管理器上的"刷新"按钮，再展开"表"节点，就可以看到新建的表了，如图 3-6 所示。

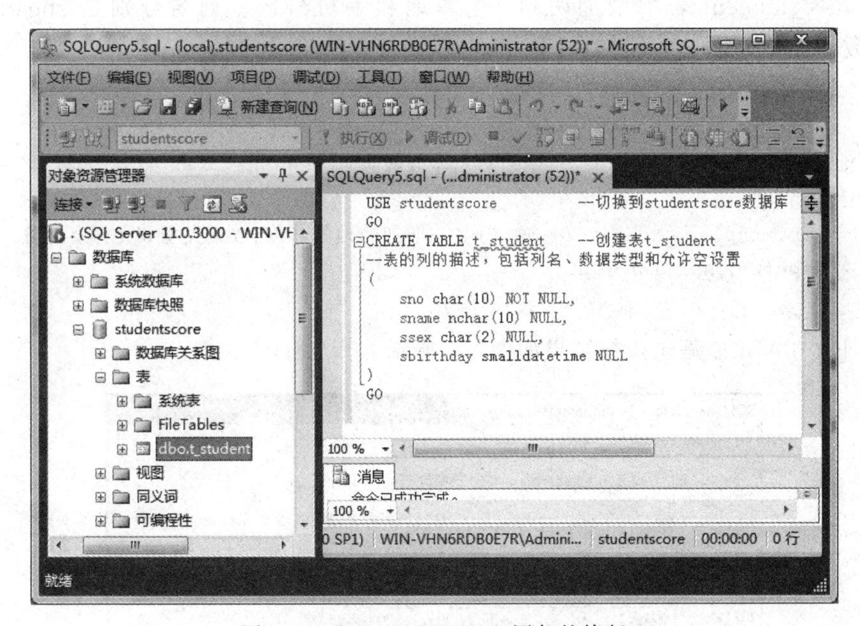

图 3-6　CREATE TABLE 语句的执行

如果分析的结果出错，或者执行的结果出错，消息栏会出现红色的错误提示信息。前者可能是 SQL 语法错误，后者可能是逻辑错误。需要根据错误提示的具体内容细心检查代码，分析问题，改正错误，重新运行。有时候可能需要反复调试才能解决问题，所以耐心、细致的学习态度必不可少。

(2) 创建课程表 t_course 的 T-SQL 语句如下：

```
USE studentscore
GO
CREATE TABLE t_course
    (
        cno char(10) NOT NULL,
        cname nchar(30) NULL
    )
GO
```

(3) 创建成绩表 t_score 的 T-SQL 语句如下：

```
USE studentscore
GO
```

```
CREATE TABLE t_score
    (
        sno char(10) NOT NULL,
        cno char(10) NOT NULL,
        score tinyint NULL
    )
GO
```

2. 使用 T-SQL 修改学生表

(1) 在 t_student 表中增加两列：生源地和手机号码。列名分别是 sbirthplace 和 sphone，数据类型分别是 nchar(10)和 char(11)，都允许为空。

```
USE studentscore
GO
ALTER TABLE t_student                  --修改表 t_student
    ADD
        sbirthplace nchar(10) NULL,   --增加的列的名称、数据类型和允许空设置
        sphone char(11) NULL
GO
```

ALTER TABLE 语句执行结果如图 3-7 所示。

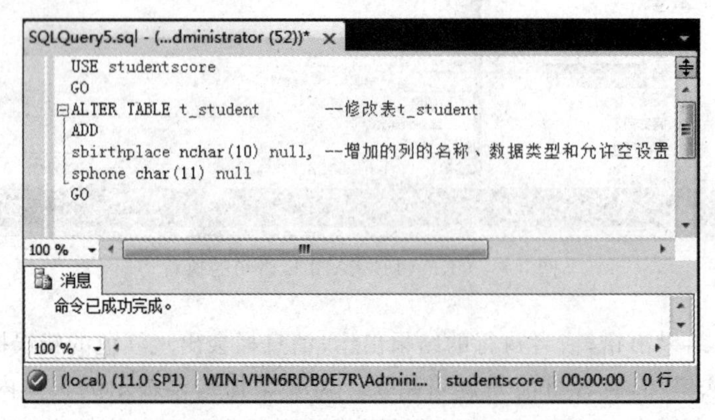

图 3-7　ALTER TABLE 语句的执行结果

(2) 删除 t_student 表中增加的手机号码列。

```
USE studentscore
GO
ALTER TABLE t_student
    DROP COLUMN sphone                          --删除 sphone 列
GO
```

(3) 修改 t_student 表中 sbirthday 列的数据类型为 datetime。

```
USE studentscore
GO
ALTER TABLE t_student
    ALTER COLUMN sbirthday datetime          --修改 sbirthday 列的数据类型为 datetime
GO
```

3. 重命名和删除学生表

（1）把 t_student 表重命名为 t_studinfo，使用系统存储过程 SP_RENAME。

```
USE studentscore
EXEC SP_RENAME 't_student','t_studinfo'  --重命名用户创建的数据库对象
GO
```

（2）删除表 t_studinfo。

```
USE studentscore
DROP TABLE t_studinfo                      --删除表 t_studinfo
GO
```

DROP TABLE 语句执行结果如图 3-8 所示。

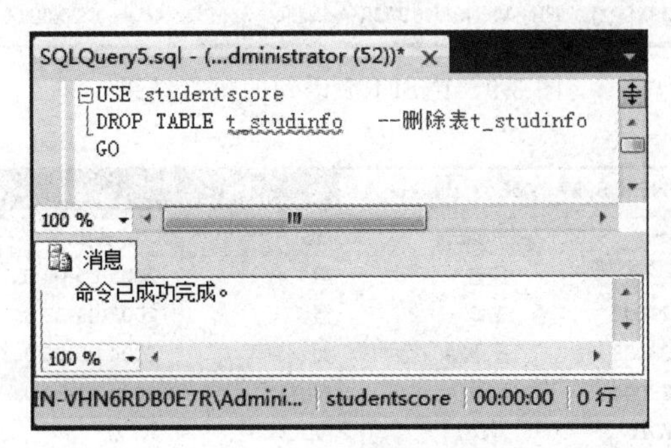

图 3-8　DROP TABLE 语句的执行结果

任务 3-3　使用 T-SQL 操作表中的数据

任务 3-3

提出任务

使用 T-SQL 对表中的数据进行插入、修改、删除和查看操作。

实施任务

1. 使用 INSERT 语句在学生表中插入行

（1）所有列都有值，NULL 不能省略，值的顺序必须和表中原有列的顺序一致。

```
USE studentscore
INSERT INTO t_student VALUES('s23004','虚竹',NULL, '2004-11-23')      --INTO 可省略
```

INSERT 语句中字符型数据和日期时间型数据都要使用英文单引号“''”括起来。

代码执行结果如图 3-9 所示。在 SSMS 对象资源管理器的 t_student 表的右键快捷菜单里选择“编辑前 200 行”命令，可以看到插入成功的记录，如图 3-10 所示。

（2）给指定的列插入值。注意，不允许为空的列必须插入非 NULL 的值。

```
USE studentscore
INSERT t_student(sname,sno,sbirthday)
```

```
VALUES('慕容复','s23005','2002-12-3')      --值的顺序必须和指定列的顺序一致
```

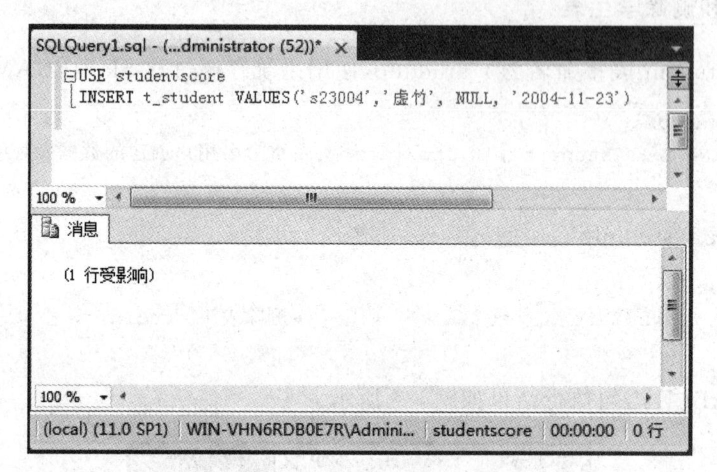

图 3-9　INSERT 语句的执行结果

WIN-VHN6RDB0E7...- dbo.t_student

sno	sname	ssex	sbirthday
s23001	段誉	男	2005-05-09 0...
s23002	萧峰	男	2003-03-03 0...
s23003	王语嫣	女	2004-05-06 0...
s23004	虚竹	NULL	2004-11-23 0...
NULL	NULL	NULL	NULL

1　/4

图 3-10　插入值成功后的 t_student 表

(3) 如果需要一次插入多条数据,可以在 VALUES 后面写多个值。

```
USE studentscore
INSERTt_student VALUES ('s03006','钟灵',NULL, '2006-1-7'),
                       ('s03007','阿紫', '女', '2006-8-13'),
                       ('s03008','木婉清',NULL, '2007-9-28')
```

2. 使用 UPDATE 语句修改学生表的数据

代码如下:

```
USE studentscore
UPDATE t_student
   SET sname='阿朱'
   WHERE sno='s23005'          /*指定满足条件的零行或多行都被修改;若无此条件,或者所
                                 有行都满足此条件,所有行都被修改*/
```

代码执行结果如图 3-11 所示。在 t_student 表中,可以看到修改成功的记录,如图 3-12 所示。

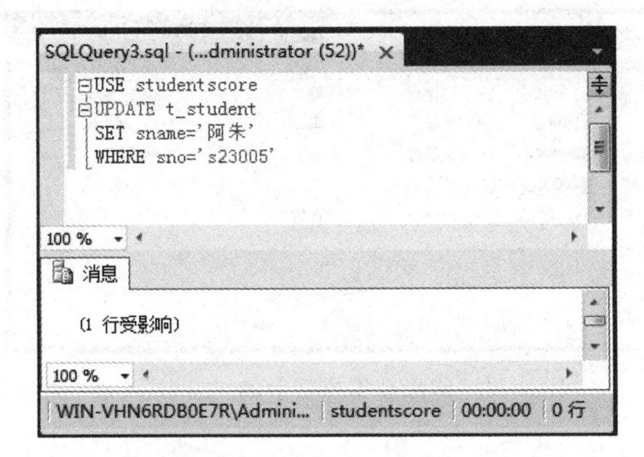

图 3-11　UPDATE 语句的执行结果

WIN-VHN6RDB0E7...- dbo.t_student

	sno	sname	ssex	sbirthday
	s23001	段誉	男	2005-05-09 0...
	s23002	萧峰	男	2003-03-03 0...
	s23003	王语嫣	女	2004-05-06 0...
	s23004	虚竹	NULL	2004-11-23 0...
▶	s23005	阿朱	男	2002-12-03 0...
*	NULL	NULL	NULL	NULL

5 /5

图 3-12　修改数据成功后的 t_student 表

3. 使用 DELETE 语句删除学生表的数据

(1) 删除 ssex 列上值为空的行。

```
USE studentscore
DELETE FROM t_student
    WHERE ssex IS NULL                --若无此条件,或者所有行都满足此条件,整个表被清空
```

代码执行结果如图 3-13 所示。在 t_student 表中,可以看到删除成功的情况,如图 3-14 所示。

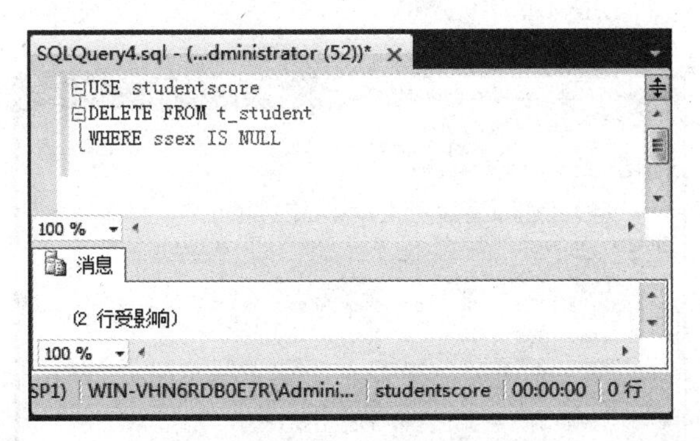

图 3-13　DELETE 语句的执行结果

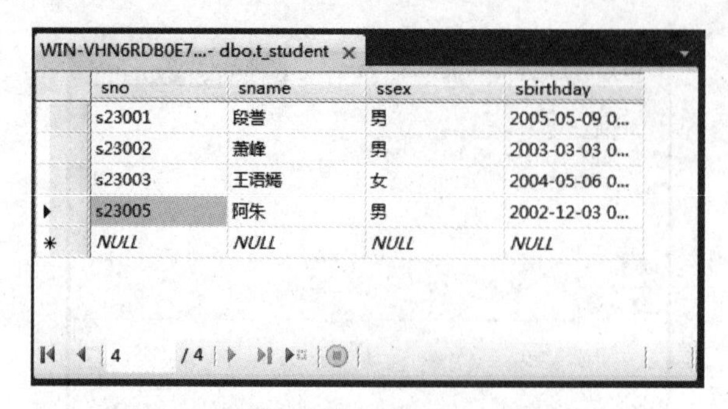

图 3-14　删除数据成功后的 t_student 表

(2) 如果要删除表中的所有数据,另外可以使用 TRUNCATE TABLE 语句,如:

```
USE studentscore
TRUNCATE TABLE t_student                --功能类似 DELETE FROM t_student
```

4. 使用 SELECT 语句查看学生表中的数据

```
USE studentscore
SELECT * FROM t_student
--"*"是通配符,代表学生表的所有列。因为查询效率低,实际很少使用
```

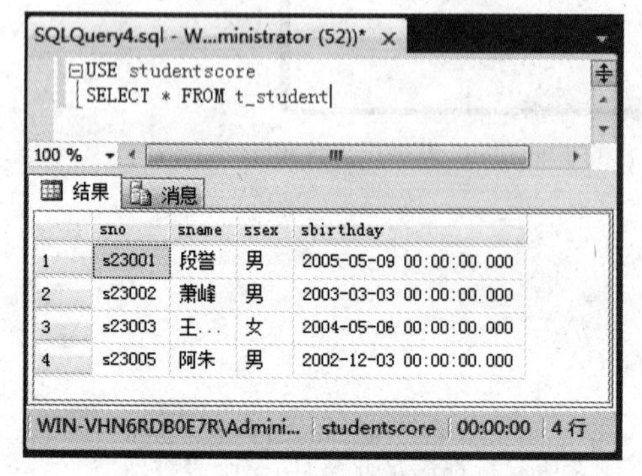

图 3-15　SELECT 语句的执行结果

执行以上代码以后,如果学生表 t_student 有数据就能全部看到。如果在前面的操作中删除了全部数据,请重新插入一些行,再进行查看。

代码执行结果如图 3-15 所示。在查询结果上右击并从快捷菜单中选择"将结果另存为"命令,或者选择"文件"→"将结果另存为"命令,就可以以想要的方式保存查询结果。

可以把 SELECT 语句和前面的 INSERT 语句,或者与 UPDATE 语句、DELETE 语句合在一起执行,直接看到插入或者修改、删除之后的结果,不需要另外打开学生表。例如,SELECT 语句和 INSERT 语句合在一起执行,结果如图 3-16 所示。

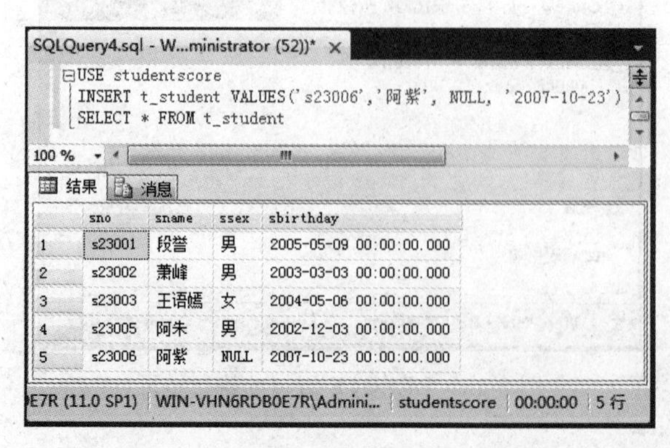

图 3-16　SELECT 语句和 INSERT 语句一起执行的结果

单击图 3-16 所示的“消息”选项卡,可以看到两个语句执行的两条消息,显然第一条消息是 SELECT 语句的,第二条是 INSERT 语句的,如图 3-17 所示。

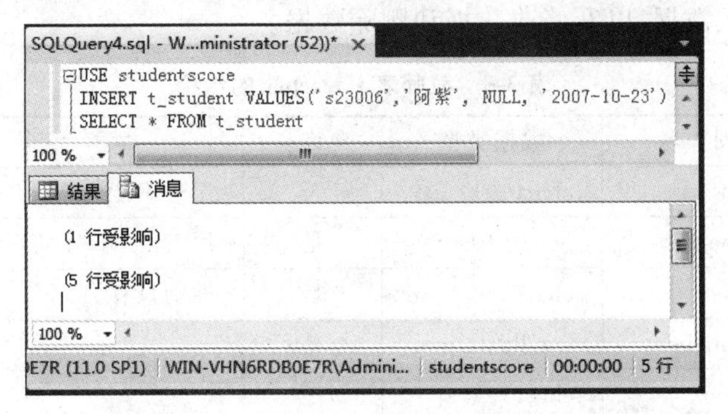

图 3-17 SELECT 语句和 INSERT 语句一起执行的消息

如果只想查看学生的姓名和出生日期,语句如下:

```
USE studentscore
SELECT sname,sbirthday FROM t_student
```

SELECT 语句有着强大的功能和复杂的应用,在项目 5 中会有详细的介绍。

思政小课堂

编程需要耐心、细致的学习态度

在编写程序时,首先需要把一件事情抽象出来,再用逻辑化的方法表达出来,所以编程的过程就是锻炼抽象思维和逻辑表达能力的过程。根据多元心智理论,学习编程不仅可以培养逻辑思维,而且对数学理解、英语兴趣、严谨理念、解决问题能力、动手能力和创造力的培养都有很大帮助。

编程是非常严谨的,不管你写了多少行的代码,只要有一行是错误的,甚至只少了一个分号,程序都是无法运行的。经过编程的学习,可以很好地培养细心、专注、严谨的学习习惯。习惯一旦养成,是贯穿到做任何事情上面的。

编程并不是一件非常简单的事情。例如,你写了 100 行代码,花了半小时或一小时,但不是马上就能运行并实现你想要的结果,你需要花更多的时间去不断地调试、测试、修改,以便确保程序的功能得以实现,同时还要继续让性能得到提高,而这就是一个不断在发现问题及解决问题的过程。所以通过学习编程,可以很好地提高解决问题的能力。

拓 展 训 练

一、实践题

延续项目 2 的拓展训练实践题,分别使用 SSMS 和 T-SQL 完成下面的训练内容。

(1) 根据项目 1 拓展训练实践题 1 中教师授课管理系统所得到的关系模式,假设已经确定出教师表、课程表、授课表和部门表的结构,分别如表 3-5～表 3-8 所示。在项目 2 的拓展训练实践题 1 所创建的教师授课数据库中创建上述 4 张表,并对表进行修改、删除等管理,还要在表中插入数据,以及修改数据和删除数据。

表 3-5　教师表 t_teacher 的结构

属　性	列　名	数据类型	允许空	说　　明
工号	tno	char(10)	否	工号不能为空
姓名	tname	nchar(10)	是	用 Unicode 字符,可以存储 10 个汉字
性别	tsex	char(2)	是	性别只有男、女
出生日期	tbirthday	smalldatetime	是	
所属部门	dno	char(10)	是	

表 3-6　课程表 t_course 的结构

属　性	列　名	数据类型	允许空	说　　明
课程编号	cno	char(10)	否	课程编号不能为空
课程名称	cname	nchar(30)	是	用 Unicode 字符,可以存储 30 个汉字
课程性质	coursenature	nchar(10)	是	确定是考试课还是考查课

表 3-7　授课表 t_havelesson 的结构

属　性	列　名	数据类型	允许空	说　　明
工号	tno	char(10)	否	工号不能为空
课程编号	cno	char(10)	否	课程编号不能为空
课时数	classhours	tinyint	是	一个具体的数字
授课时段	teachingperiod	nchar(20)	是	具体的学年、学期

表 3-8　部门表 t_department 的结构

属　性	列　名	数据类型	允许空	说　　明
部门编号	dno	char(10)	否	部门编号不能为空
部门名称	dname	nchar(30)	是	用 Unicode 字符,可以存储 30 个汉字

(2) 根据项目 1 拓展训练实践题 2 中图书借还管理系统所得到的关系模式,假设已经确定出读者表、书库表、借还表和图书表的结构,分别如表 3-9～表 3-12 所示。在项目 2 拓展训练实践题 2 所创建的图书借还数据库中创建上述 4 张表,并对表进行修改、删除等管理,还要在表中插入、修改和删除数据。

表 3-9　读者表 t_reader 的结构

属　性	列　名	数据类型	允许空	说　　明
读者编号	rno	char(10)	否	读者编号不能为空
读者姓名	rname	nchar(10)	是	用 Unicode 字符,可以存储 10 个汉字
读者性别	rsex	char(2)	是	性别只有男、女

表 3-10 书库表 t_stackroom 的结构

属 性	列 名	数据类型	允许空	说 明
书库编号	sno	char(10)	否	课程编号不能为空
书库名称	sname	nchar(30)	是	用 Unicode 字符
书库地点	slocation	nchar(30)	是	用 Unicode 字符
库存数量	squantity	int	是	

表 3-11 借还表 t_borrowreturn 的结构

属 性	列 名	数据类型	允许空	说 明
读者编号	rno	char(10)	否	读者编号不能为空
图书编号	bno	char(10)	否	图书编号不能为空
借书时间	borrowtime	smalldatetime	是	
还书时间	returntime	smalldatetime	是	

表 3-12 图书表 t_book 的结构

属 性	列 名	数据类型	允许空	说 明
图书编号	bno	char(10)	否	课程编号不能为空
图书名称	bname	nchar(30)	是	用 Unicode 字符
出版时间	bpubdate	smalldatetime	是	
图书价格	bprice	smallmoney	是	
标准书号	bisbn	char(13)	是	
所属书库	sno	char(10)	是	

二、理论题

1. 单选题

(1) 下列语句中,(　　)语句不是表数据的基本操作语句。

A. CREATE　　B. INSERT　　C. DELETE　　D. UPDATE

(2) SQL 语句中修改表结构的命令是(　　)。

A. MODIFY TABLE　　B. MODIFY STRUCTURE

C. ALTER TABLE　　D. ALTER STRUCTURE

(3) T-SQL 语句中只修改列的数据类型指令是(　　)。

A. ALTER TABLE ... ALTER COLUMN

B. ALTER TABLE ... MODIFY COLUMN...

C. ALTER TABLE ... UPDATE ...

D. ALTER TABLE ... UPDATE COLUMN...

(4) 创建表时不允许某列为空,可以使用(　　)。

A. NOT NULL　　B. NO NULL

C. NOT BLANK　　D. NO BLANK

(5) 下列描述正确的是(　　)。

A. 一个数据库只能包含一个数据表　　B. 一个数据库可以包含多个数据表

C. 一个数据库只能包含两个数据表　　D. 一个数据表可以包含多个数据

(6) SQL 数据定义语言中,创建、修改、删除这三条命令完全正确的是(　　)。

A. 创建(CREATE)、修改(ALTER)、删除(UPDATE)

B. 创建(ALTER)、修改(MODIFY)、删除(DROP)

C. 创建(CREATE)、修改(ALTER)、删除(DROP)

D. 创建(ALTER)、修改(CREATE)、删除(DROP)

(7) SELECT * FROM student 该代码中的"*"号,表示的正确含义是(　　)。

A. 普通的字符*号　　B. 错误信息

C. 所有的字段名　　D. 模糊查询

(8) 向数据表添加数据的关键字是(　　)。

A. INSERT　　B. UPDATE

C. DELETE　　D. SELECT

(9) 以下能够删除一列的命令是(　　)。

A. ALTER TABLE emp REMOVE addcolumn

B. ALTER TABLE emp DROP COLUMN addcolumn

C. ALTER TABLE emp DELETE COLUMN addcolumn

D. ALTER TABLE emp DELETE addcolumn

(10) 创建数据库使用的语句是(　　)。

A. CREATE mytest　　B. CREATE TABLE mytest

C. DATABASE mytest　　D. CREATE DATABASE mytest

(11) 删除数据表的语句是(　　)。

A. DROP　　B. UPDATE　　C. DELETE　　D. DELETED

(12) 若要在数据表 s 中增加一列 CN(课程名),可用的语句是(　　)。

A. ADD TABLE s ALTER(cn char(8))

B. ALTER TABLE s ADD cn char(8)

C. ADD TABLE s (cn char(8))

D. ALTER TABLE s INSERT cn char(8)

(13) 以下删除记录正确的语句是(　　)。

A. DELETE FROM emp WHERE name='dony'

B. DELETE * FROM emp WHERE name='dony'

C. DROP FROM emp WHERE name='dony'

D. DROP * FROM emp WHERE name='dony'

(14) 用来插入数据及更新的命令是(　　)。

A. INSERT,UPDATE　　B. CREATE,INSERT INTO

C. DELETE,UPDATE　　D. UPDATE,INSERT

(15) 以下表示可变长度字符串的数据类型是(　　)。

A. text　　B. char　　C. varchar　　D. emum

(16) 以下属于浮点型的是(　　)。

A. smallint　　B. tinyint　　C. float　　D. int

(17) 在 T-SQL 中，通常使用(　　)语句来指定一个已有数据库作为当前的工作数据库。

A. USING　　B. USED　　C. USES　　D. USE

(18) DELETE FROM employee 语句的作用是(　　)。

A. 删除当前数据库中的整个 employee 表，包括表结构

B. 删除当前数据库中的 employee 表内的所有行

C. 由于没有 WHERE 子句，因此不删除任何数据

D. 删除当前数据库中 employee 表内的当前行

2. 填空题

(1) 在 T-SQL 中，通常使用________值来表示一个列没有值或缺值的情形。

(2) 给 xs 表增加一个列“备注”，数据类型为 text，不允许为空的 T-SQL 语句是________。

(3) bit 型数据用于存储逻辑值，它只有两种状态，即________和________。

(4) 删除表 xs 中全部数据的语句是________。

(5) 在 SQL Server 中，创建表的语句是________。

(6) 在 SQL Server 中，修改表的语句是________。

(7) 在 SQL Server 中，删除表的语句是________。

(8) 在 SQL Server 中，对表中数据进行插入、修改、删除和查看的关键字分别是________。

3. 简答题

(1) 如何确定表当中列的数据类型？

(2) 如何使用 SSMS 创建表？

(3) 如何使用 SSMS 分离和附加表？

项目 4　使用约束实现数据完整性

表中的数据仅仅符合所在列的数据类型的要求，并不能保证它是准确和合理的，数据的准确和合理就是数据完整性。约束是实现数据完整性的主要方法，此外，还有规则、默认值、标识列以及触发器等。触发器将在项目 9 中学习。

本项目涉及的知识点和任务如图 4-1 所示。

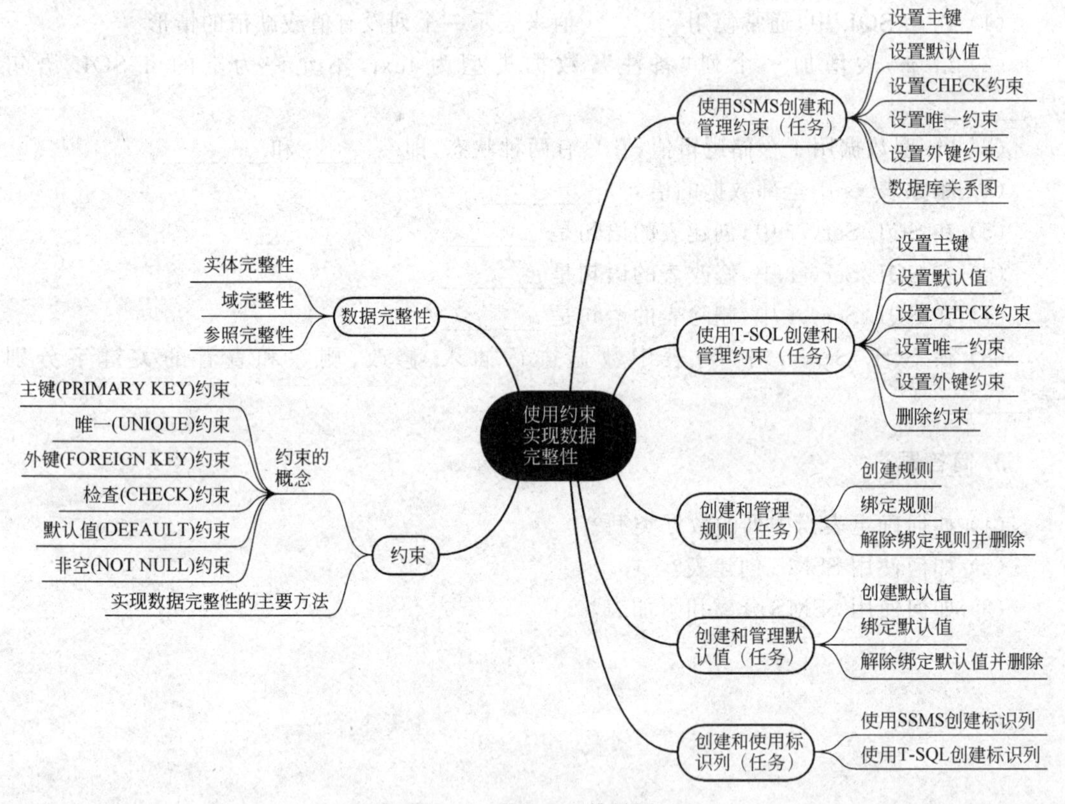

图 4-1　项目 4 思维导图

项目目标

- 掌握数据完整性的概念和约束的概念。
- 掌握不同种类约束的使用。
- 了解规则、默认值和标识列实现数据完整性的方法。
- 养成严谨的思维习惯对待数据库中的数据。

4.1 知识准备

知识 4-1

知识 4-1　数据完整性

在项目 3 操作表中数据时，可能会出现意想不到的问题。例如，插入了 2 行或者多行完全相同的数据（每个列的值都相同）；性别输入了“难”或者出生日期输入了“1898-5-6”，本来应该输入的是“1988-5-6”；还有成绩表中出现了学生表中没有的学号，或者课程表中没有的课程编号。

上述 3 个问题对应数据完整性的分类：实体完整性、域完整性和参照完整性的各自体现。3 类数据完整性示意图如图 4-2 所示。

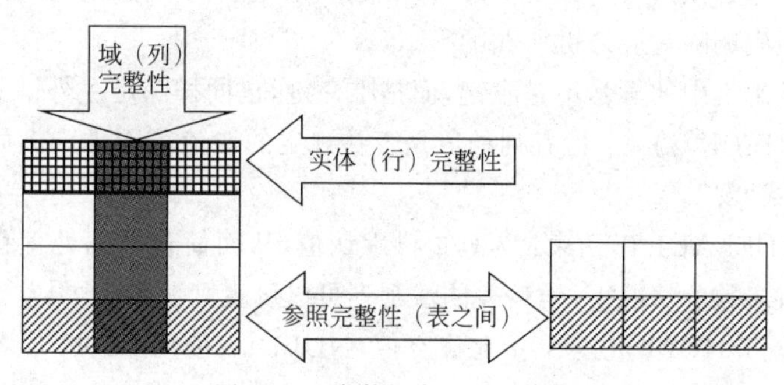

图 4-2　3 类数据完整性示意图

1. 实体完整性

实体完整性即行完整性，保证表中每一个实体（行）都是唯一的。实体的概念就是客观存在的互不相同的事物。

2. 域完整性

域完整性是指列输入的数据的有效性，即保证指定列的数据具有正确的数据类型、格式和有效的范围。也有把域完整性称为用户自定义完整性。

3. 参照完整性

参照完整性保证表与表之间的数据的一致性。例如，成绩表中不能出现学生表中没有的学号，或者课程表中没有的课程编号，如果出现了，数据就不一致，就破坏了数据的参照完整性。

知识 4-2　约束

知识 4-2

1. 约束的概念

约束是实现数据完整性的主要手段。SQL Server 数据库提供了如下 6 种约束。

(1) 主键(PRIMARY KEY)约束：键也就是码,码是唯一的标识实体的最小的属性组,码可以有多个,主键只能有 1 个。例如,学生表中的学号和手机号码都是码,但不能定义 2 个主键,只能选择其一。

有时候,表中的任何一个列都不能单独作为码。例如,成绩表中的学号、课程编号和成绩,这时候将学号和课程编号组合起来作为码,那么主键也就在这两个列上。

(2) 唯一(UNIQUE)约束：要求列的值唯一,可以包含 NULL,但只能有一个。

(3) 外键(FOREIGN KEY)约束：外键是对应于另一张表的主键或者唯一键而言的,外键列的取值必须"引用"或者说"参照"所对应的另一张表的主键或者唯一键的值。

比如参照完整性举的例子,学生表中的学号是主键,成绩表中的学号可以是它的外键,这样成绩表中的学号必须来自于学生表的学号,不能无中生有。学生表中没有的学号,成绩表中不能插入。如果成绩表中有对应的外键,学生表的学号不能更改(或者更改了学生表的学号,成绩表的学号必须进行一致的更改)。要删除学生表的一行,如果成绩表中学号有对应的外键,则必须先删除对应外键所在的行。

当然,如果学生表中的学号不是主键,而是唯一键,也同样满足主外键关系。

(4) 检查(CHECK)约束：检查列的值是否在规定的取值范围内。例如,学生表的性别列只能输入"男"或"女"。

(5) 默认值(DEFAULT)约束：为列提供默认值,从而简化数据处理程序。例如,某个班级里,男同学占多数的情况下,学生表的性别列可以设置默认值为"男"。

(6) 非空(NOT NULL)约束：不允许空值(NULL)。使用 SSMS 或者 T-SQL 创建表时,已经设置过非空约束。

2. 实现数据完整性的主要方法

约束是实现数据完整性的主要方法,当然还有其他方法,如规则、默认值和标识列,如表 4-1 所示。规则和默认值是数据库的可编程性对象,不再像约束一样依附于表,可以看作是 CHECK 和 DEFAULT 约束的延伸。

表 4-1　实现数据完整性的主要方法

完整性类型	约束以及其他方法	说　明
实体完整性	PRIMARY KEY	唯一标识每一行,不允许有空值
	UNIQUE	防止出现重复值,可以有一个空值
	IDENTITY(标识列)	系统自动增加,防止重复,不允许有空值
域完整性	CHECK	指定列的取值范围
	DEFAULT	提供默认值
	NOT NULL	不允许空值
	RULE(规则)	类似于 CHECK 约束,但不依附于表,可应用于多个列
	DEFAULT(默认值)	类似于 DEFAULT 约束,但不依附于表,可应用于多个列
参照完整性	FOREIGN KEY	保证表之间数据的一致性

任务 4-1(1)

4.2 任务划分

任务 4-1　使用 SSMS 创建和管理约束

提出任务

在数据库 studentscore 中，使用 SSMS 创建和管理约束，具体任务如下。

(1) 学生表的学号、课程表的课程编号、成绩表的学号和课程编号(组合在一起)分别设置为主键。

(2) 学生的性别默认值为“男”，只能输入“男”或“女”。

(3) 学生表的手机号码唯一。如果没有此列，请先添加列。如果学生表中已经有数据，需要在手机号码列中输入满足唯一键要求的数据，否则不需要输入。

(4) 成绩表的成绩要求为 0～100。

(5) 成绩表中的学号必须来自学生表的学号，成绩表中课程编号必须来自课程表的课程编号，不能无中生有。

实施任务

1. 设置主键

打开 t_student 表的设计窗口，在学号列 sno 的右键快捷菜单中选择“设置主键”命令，就可以设置成功。或者选择好 sno 列后，单击表设计器工具栏中的“设置主键”按钮(黄色钥匙)，也可以设置主键，如图 4-3 所示。设置好后，单击工具栏中的“保存”按钮保存修改。

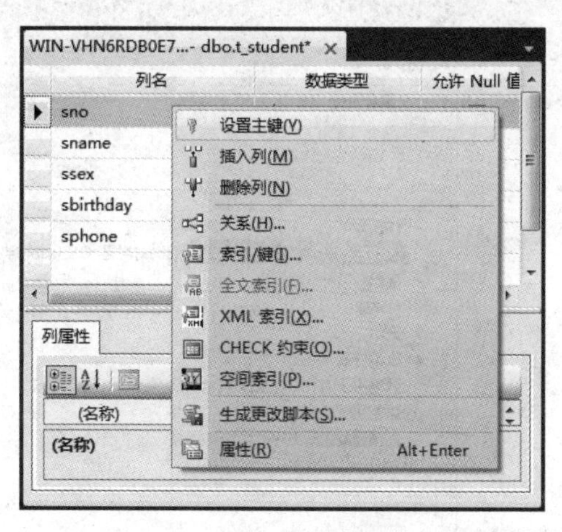

图 4-3　设置主键

按照同样的方法设置课程表的课程编号为主键，成绩表的学号和课程编号组合在一起为主键。如果主键是多个列的组合，例如，成绩表学号和课程编号，需要按住 Ctrl 键选择两个列后再设置。

2. 设置默认值

在 t_student 表的设计窗口中选择 ssex 列,在下面的列属性对话框的“默认值或绑定”后面输入框中输入“'男'”,如图 4-4 所示,设置好后进行保存。

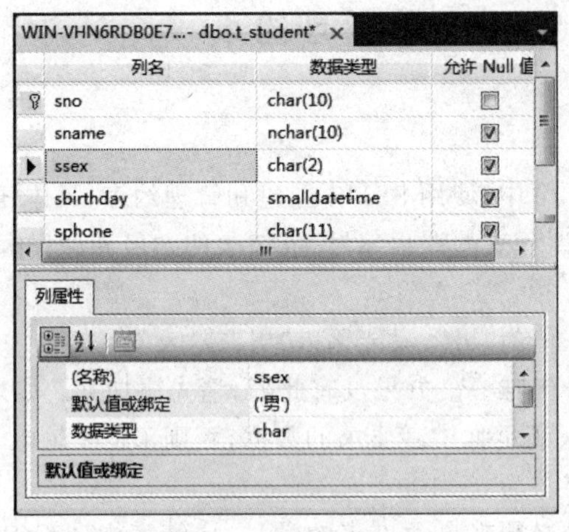

图 4-4　设置默认值

3. 设置 CHECK 约束

在 t_student 表的设计窗口的空白处右击,从快捷菜单中选择“CHECK 约束”命令,在打开的对话框中单击“添加”按钮,系统会自动给添加的 CHECK 约束命名。然后,在“表达式”后面单击扩展按钮,在打开的对话框中输入“([ssex]='男' OR [ssex]='女')”,再确认并关闭对话框。设置效果如图 4-5 所示。设置好后进行保存。

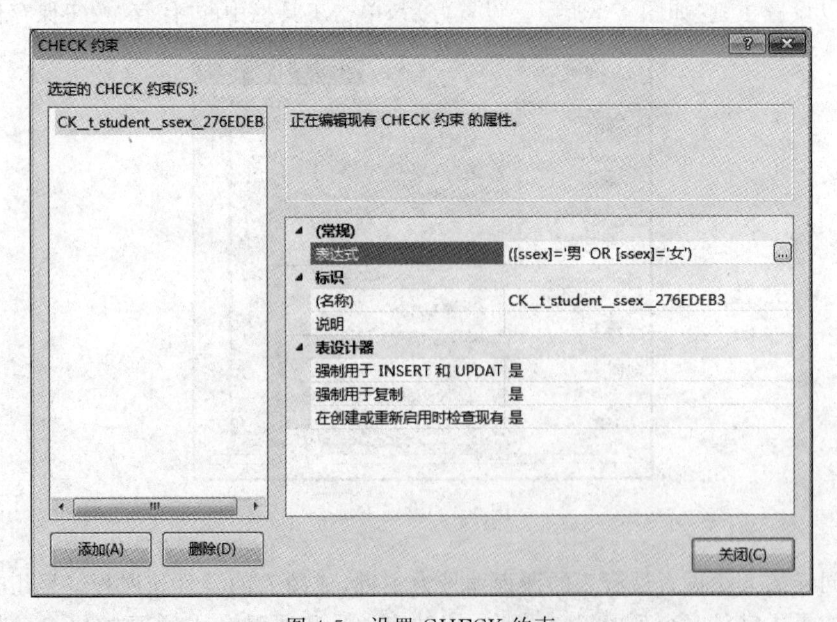

图 4-5　设置 CHECK 约束

用同样的方法在成绩表上设置 CHECK 约束，要求成绩为 0～100，表达式应该为“score>=0 and score<=100”。

4. 设置唯一约束

在 t_student 表的设计窗口的右键快捷菜单中选择“索引/键”命令，在打开的对话框中单击“添加”按钮，然后在“类型”右边的列表框中选择“唯一键”；最后单击“列”右侧的扩展按钮，在打开的对话框中选择 sphone，效果如图 4-6 所示，设置好后进行保存。

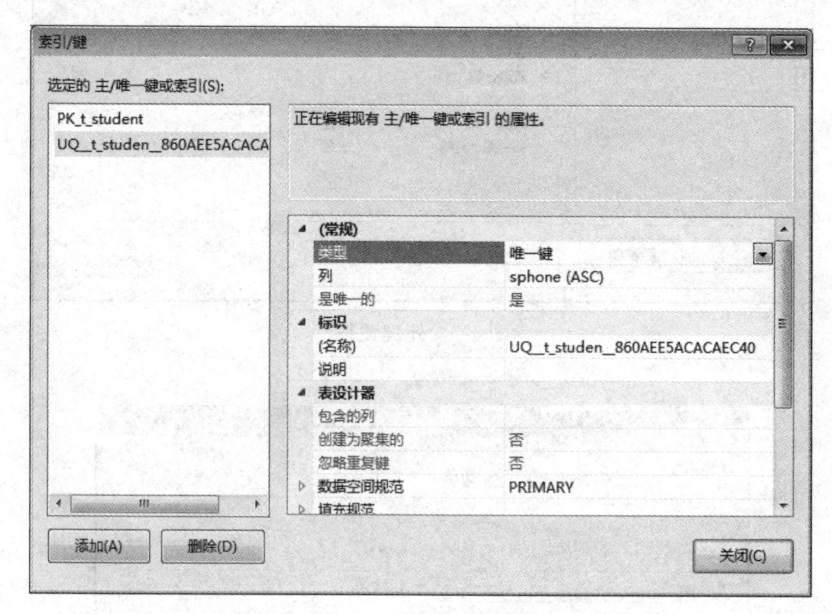

图 4-6　设置唯一约束

5. 设置外键约束

任务 4-1(2)

(1) 设置外键约束。在成绩表 t_score 的设计窗口的空白处右击，从快捷菜单中选择“关系”命令，打开“外键关系”对话框，单击“添加”按钮，如图 4-7 所示。然后单击“表和列规范”右侧的扩展按钮，打开“表和列”对话框，选择主键表 t_student 的 sno 列对应外键表 t_score 的 sno 列，表示成绩表的学号参照学生表的学号，如图 4-8 所示，单击“确定”按钮进行添加。按照同样的方法，设置课程表和成绩表之间的主外键关系，表和列规范的设置如图 4-9 所示。

设置好的外键关系在主键表的“关系”中也可以看到。

(2) 测试外键约束。这里测试 t_student 表和 t_score 表的主外键关系。发现 t_score 表中不能添加 t_student 表中没有的学号，t_score 表中的学号也不能修改为 t_student 表中没有的学号。

t_student 表中已经被参照到外键的学号，不能修改和删除，因为修改或删除会违反外键约束，如图 4-10 所示。从图上可以看出 INSERT 语句与 FOREIGN KEY 约束冲突，冲突发生于数据库 studentscore 的 t_student 表的 sno 列上。如果修改数据与 FOREIGN KEY 约束冲突，就是 UPDATE 语句；如果删除数据与 FOREIGN KEY 约束冲突，就是 DELETE 语句。实际上，SSMS 中任何对数据库、数据库对象的创建、修改、删除等操作，和任何对数

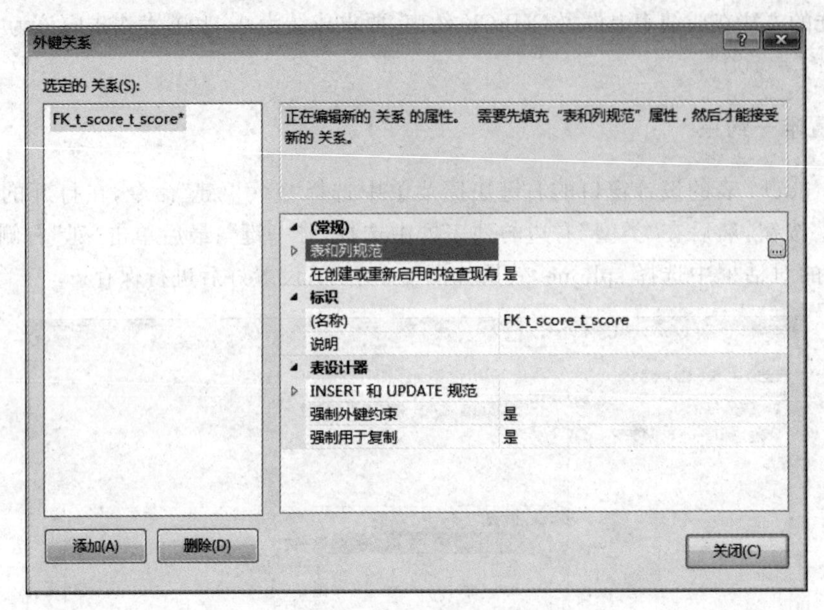

图 4-7 外键关系

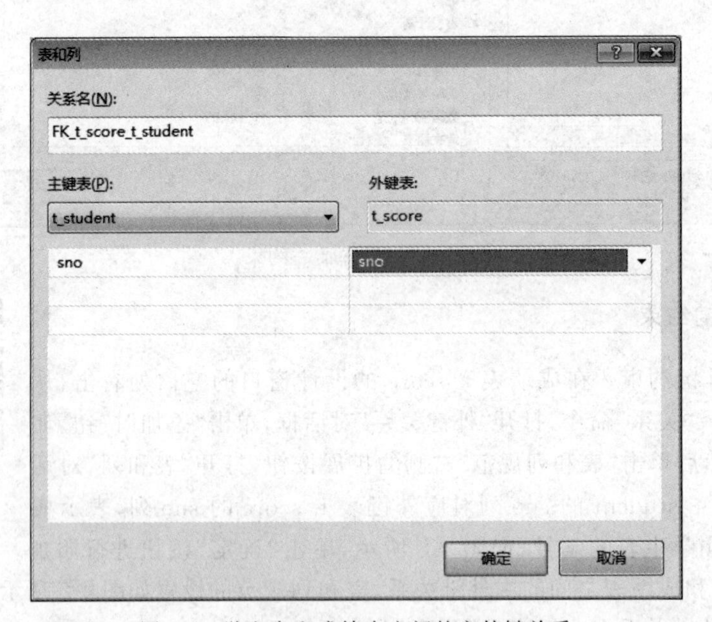

图 4-8 学生表和成绩表之间的主外键关系

据的增、删、改、查操作，最终都将翻译成 SQL 语句并提交给数据库服务器，由服务器分析、执行，再将结果返回给客户端。

查看外键关系的属性，展开 INSERT 和 UPDATE 规范，如图 4-11 所示。可以看到“更新规则”和“删除规则”默认的值都是“不执行任何操作”，所以，前面外键列所对应的主键列的值不能修改和删除。

但是如果把图 4-11 中的“更新规则”和“删除规则”都改为“级联”，保存后，t_student 表中已经被参照到外键的学号就可以修改和删除。这时修改 t_student 表中的学号，对应的

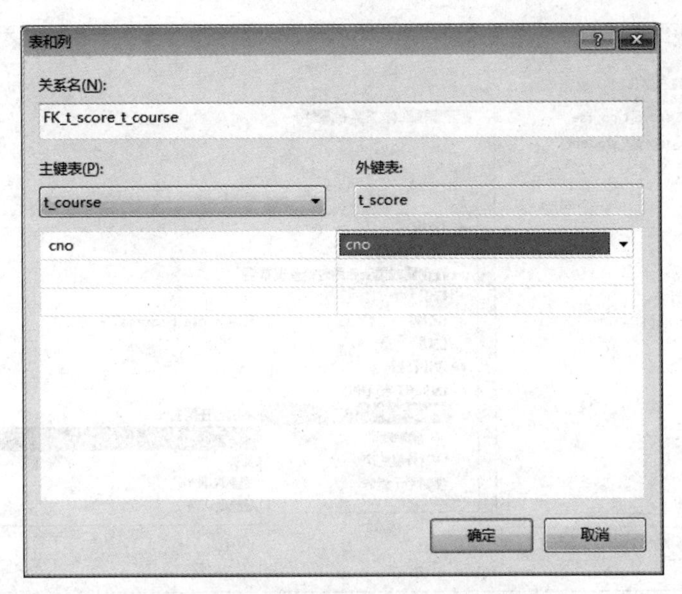

图 4-9　课程表和成绩表之间的主外键关系

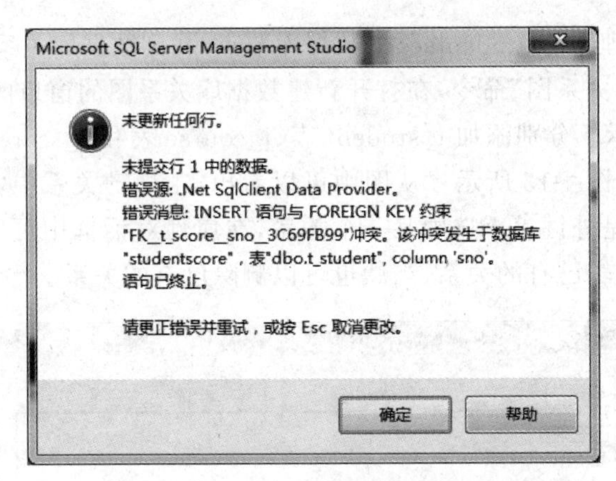

图 4-10　FOREIGN KEY 约束冲突窗口

t_score 表中的外键也会被修改；删除 t_student 表中的行，t_score 表中引用被删除学号的数据行也会被删除，这就是级联(英文为 CASCADE，不同 SQL Server 版本叫法不同)。

更新规则和删除规则中，“设置 Null”选项中，如果表的所有外键列都可接受空值，则将该值设置为空；“设置默认值”选项中，如果表的所有外键列均已定义默认值，则将该值设置为列定义的默认值。

其他约束的作用请读者自行测试。对于设置不满意的约束，可以参考设置过程进行修改或者删除操作。

6. 数据库关系图

数据库关系图是一种可视化工具，可以直观地显示和管理(创建、修改、删除)数据库中的部分或全部表之间的关系。

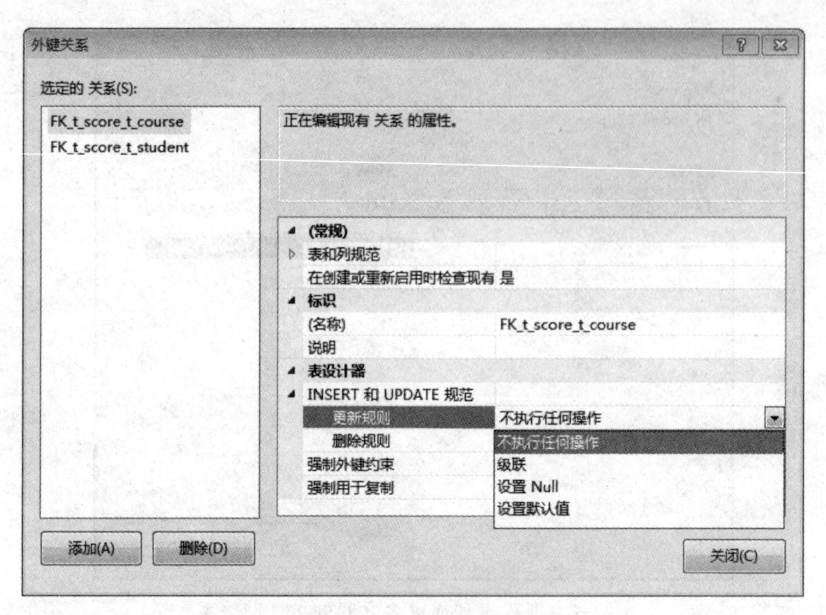

图 4-11　外键关系属性

展开对象资源管理器的 studentscore 数据库节点,找到数据库关系图,在其右键快捷菜单中选择“新建数据库关系图”命令,在打开新建数据库关系图的窗口的同时,弹出“添加表”对话框,如图 4-12 所示。分别添加 t_student 表、t_course 表和 t_score 表,这些表已经设置好了两个外键约束,如图 4-13 所示。从图中可以看出,主外键关系中,钥匙一方是主键表,无穷大符号的另一方是外键表。选中某一个关系,在属性对话框中可以看到表和列规范等属性,在属性中可以编辑已有的关系,当然也可以删除已有的关系。

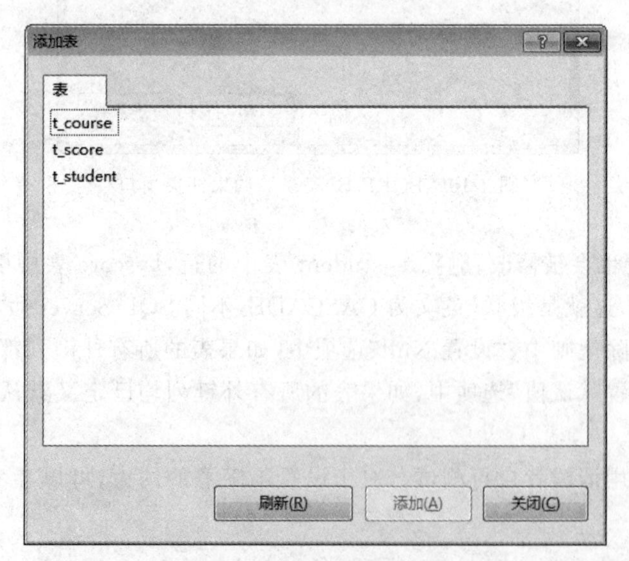

图 4-12　“添加表”对话框

如果两个表之间还没有建立主外键关系,用鼠标左键拖曳 t_score 表的 sno 列至 t_student 表的 sno 列上,松开左键,会弹出如图 4-8 所示的对话框,按照前面的操作确定主外

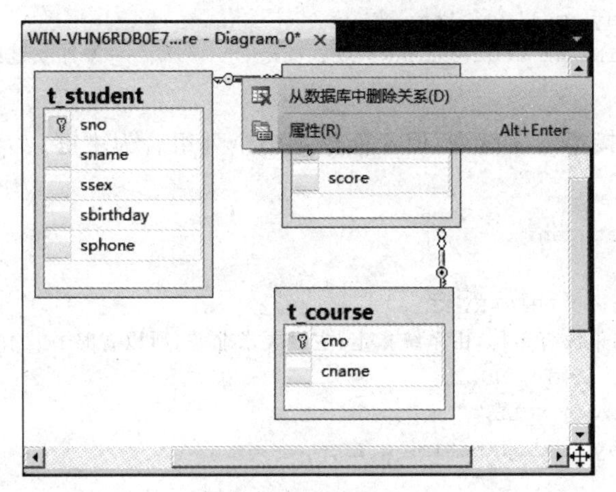

图 4-13　数据库关系图

键关系。同样地，可以建立 t_course 表和 t_score 表的主外键关系。

如果数据库中有多个表，表之间也存在多种关系，通过数据库关系图可以直观地显示和管理表之间的关系。

读者也可以联想到设计数据库时的 E-R 图，数据库关系图可以理解为 E-R 图的一部分或者全部的内在体现。

任务 4-2　使用 T-SQL 创建和管理约束

任务 4-2(1)

提出任务

在 studentscore 数据库中，使用 T-SQL 创建约束，具体任务和任务 4-1 的相同。

实施任务

1. 设置主键(3 种方法)

(1) 修改学生表 t_student，在 sno 列上添加主键约束 pk_stud。pk 是 PRIMARY KEY 的简写，后面约束的起名与此类似。

```
USE studentscore
ALTER TABLE t_student
    ADD CONSTRAINT pk_stud PRIMARY KEY (sno)          --添加主键约束 pk_stud
```

(2) 创建表并同时添加主键，可以指定多个列组合为主键。

```
USE studentscore
CREATE TABLE t_student
    (
        sno char(10),
        sname nchar(10) NULL,
        ssex char(2) NULL,
```

```
        sbirthday smalldatetime NULL,
        CONSTRAINT pk_stud PRIMARY KEY (sno)            --添加主键约束 pk_stud
    )
```

(3) 创建表时直接指定主键列,但不能指定多个列组合为主键。

```
USE studentscore
CREATE TABLE t_student
    (
        sno char(10) PRIMARY KEY,
        --主键约束没有名称,由系统指定;主键要求非空,所以省略 NOT NULL
        sname nchar(10) NULL,
        ssex char(2) NULL,
        sbirthday smalldatetime NULL,
    )
```

创建约束大多可以使用上述 3 种方法,为了简便,下面仅使用 ALTER TABLE 的方法创建其他约束。

2. 设置默认值

t_student 表的 ssex 列的默认值为“男”。

```
USE studentscore
ALTER TABLE t_student
    ADD CONSTRAINT def_sex DEFAULT ('男') FOR ssex
```

3. 设置 CHECK 约束

t_student 表的 ssex 列上只能取值为“男”或“女”。

```
USE studentscore
ALTER TABLE t_student
    ADD CONSTRAINT chk_sex CHECK(ssex='男' OR ssex='女')
```

4. 设置唯一约束

任务 4-2(2)

在 t_student 表的 sphone 列上设置唯一约束。

```
USE studentscore
ALTER TABLE t_student
    ADD CONSTRAINT unq_phone UNIQUE(sphone)
```

5. 设置外键约束

成绩表的学号参照学生表的学号,成绩表的课程编号参照课程表的课程编号。

```
USE studentscore
ALTER TABLE t_score
    ADD CONSTRAINT fk_sno FOREIGN KEY(sno)REFERENCES t_student(sno),
        CONSTRAINT fk_cno FOREIGN KEY (cno) REFERENCES t_course(cno)
```

6. 删除约束

如果要删除约束，在 ALTER TABLE 语句中使用 DROP CONSTRAINT 子句。例如，要删除 t_student 表的 sphone 列上的唯一约束 unq_phone，代码如下：

```
USE studentscore
ALTER TABLE t_student
    DROP CONSTRAINT unq_phone
```

约束是为了保证数据的完整性，并且依附于表而存在。一般情况下，创建表的同时也可以创建好约束。但是，如果要约束同一张表的两个列之间有某种逻辑关系，必须要在表创建完成之后才能实现。

本书把创建表和约束分开在两个项目里是为了循序渐进地学习。下面是在 studentscore 数据库中创建 t_student、t_course、t_score 表和约束的完整代码。

```
USE studentscore
CREATE TABLE t_student
    (
        sno char(10) PRIMARY KEY,
        sname nchar(10) NULL,
        ssex char(2) DEFAULT '男' CHECK(ssex= '男' OR ssex= '女') NULL,
        sbirthday smalldatetime NULL,
        sphone char(11) UNIQUE NULL
    )
GO
CREATE TABLE t_course
    (
        cno char(10) PRIMARY KEY,
        cname nchar(30) NULL
    )
GO
CREATE TABLE t_score
    (
        sno char(10) REFERENCES t_student(sno) NOT NULL,
        cno char(10) REFERENCES t_course(cno) NOT NULL,
        score tinyint CHECK(score>= 0AND score<= 100) NULL,
        CONSTRAINT pk_score PRIMARY KEY (sno,cno)
    )
GO
```

任务 4-3　创建和管理规则

任务 4-3

提出任务

在 studentscore 数据库中创建和管理规则，具体任务是：要求学生的出生日期在 1985-1-1 至 2005-12-31 范围内，创建规则并绑定到出生日期列上。

实施任务

1. 创建规则

```
USE studentscore
GO      --GO 不能省略,因为 CREATE RULE 必须是查询批次中的第一条语句
CREATE RULE rul_birthday as @sbirth>='1985-1-1' AND @sbirth<='2005-12-31'
        -- rul_birthday 是规则对象的名称
```

因为规则独立于表而存在,所以不能直接引用表中的列,而是在条件表达式中包含一个局部变量,该变量必须以@开头,如@sbirth。

2. 绑定规则

绑定规则需要执行系统存储过程 SP_BINDRULE。

```
USE studentscore
GO      -- t_student.sbirthday 表示表对象的下级对象列
SP_BINDRULE rul_birthday,'t_student.sbirthday'
```

SSMS 虽然不能创建规则,但是创建好规则后,可以在 studentscore 数据库的下级节点中找到"可编程性"节点,展开后,可以看到规则里面就有刚才创建的 rul_birthday 规则。在 rul_birthday 规则右键快捷菜单中选择"查看依赖关系"命令,可以看到规则的绑定情况,如图 4-14 所示。图中"依赖于[rul_birthday]的对象"是 t_student,展开 t_student 节点,可以看到 t_score,这是因为两者存在主外键关系。

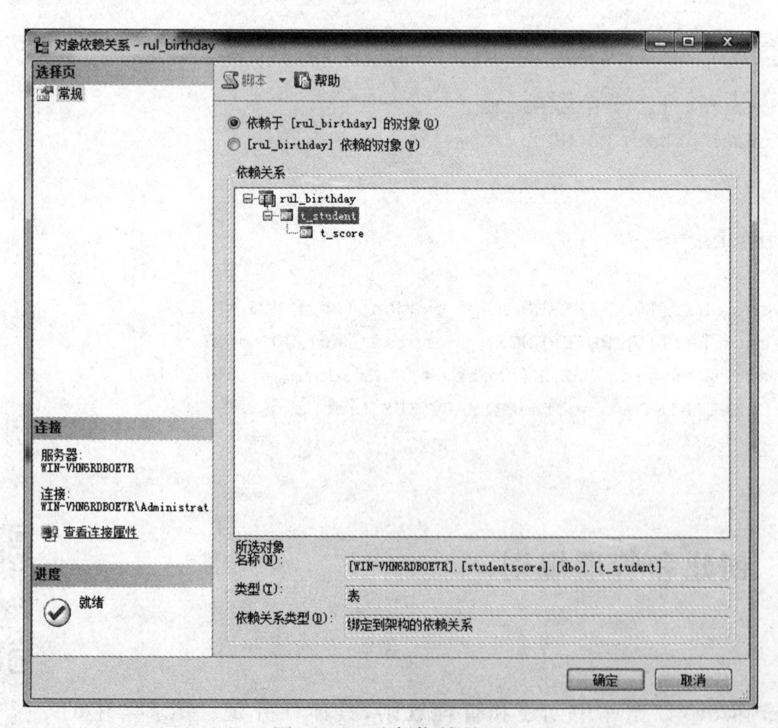

图 4-14　对象依赖关系

当然，规则的右键快捷菜单中也有编写脚本和删除等命令，可以完成相应操作。

3. 解除绑定规则并删除

解除绑定规则，需要执行系统存储过程 SP_UNBINDRULE。

```
USE studentscore          --解除 t_student.sbirthday 对象上绑定的规则
EXEC SP_UNBINDRULE 't_student.sbirthday'
```

解除绑定后，查看“依赖于[rul_birthday]的对象”，就没有 t_student 了。解除所有绑定后的规则才可以删除，语句如下：

```
DROP RULE rul_birthday
```

任务 4-4　创建和管理默认值

任务 4-4

提出任务

在 studentscore 数据库中，创建和管理默认值，具体任务是：要求学生的生源地默认值为“郑州”，创建默认值并绑定到生源地列上。如果学生表中没有生源地列，需要先添加此列。

实施任务

1. 创建默认值

```
USE studentscore
GO
CREATE DEFAULT def_sbirthplace AS'郑州'      -- def_sbirthplace 是默认值对象的名称
```

2. 绑定默认值

将前面创建的默认值 def_sbirthplace 绑定到学生表的生源地列上。

```
USE studentscore
GO
SP_BINDEFAULT def_sbirthplace,'t_student.sbirthplace'
```

和任务 4-3 的规则一样，创建的默认值在对象资源管理器里也可以看到，绑定到生源地列以后，在其依赖关系上也可以看到类似于图 4-14 所示的内容。

默认值的右键快捷菜单中也有编写脚本和删除等命令，可以完成相应操作。

绑定默认值后，打开 t_student 表的设计窗口，sbirthplace 的列属性“默认值或绑定”中可以看到绑定的默认值 def_sbirthplace，如图 4-15 所示。当然，如果有多个默认值，在此可以选择。

3. 解除绑定默认值并删除

解除绑定默认值的语句是：SP_UNBINDEFAULT 't_student.sbirthplace'。和规则一样，解除所有绑定后才可以删除，语句是：DROP DEFAULT def_sbirthplace。

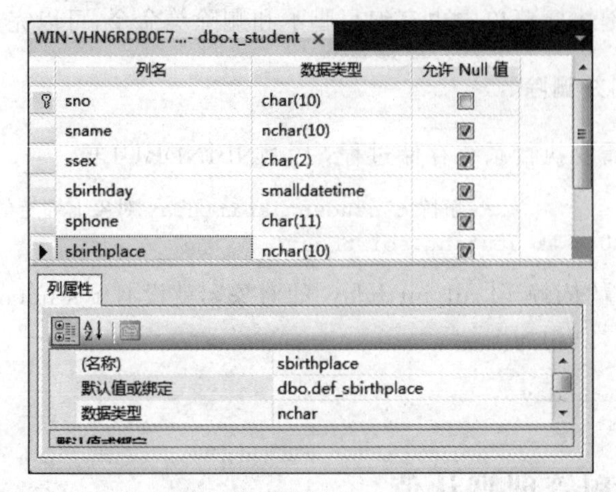

图 4-15　绑定默认值后的列属性

最后要说明的是,规则和默认值都可以绑定到用户定义数据类型上,感兴趣的读者请查阅相关资料。

任务 4-5　创建和使用标识列

任务 4-5

提出任务

在成绩表 t_score 中,去掉任务 4-1 创建的主键(学号和课程编号组合在一起),再添加标识列成绩编号 scoreid,并设置为主键。

实施任务

1. 使用 SSMS 创建标识列

打开成绩表 t_score 的设计窗口,右击网格部分,在弹出的快捷菜单中执行“插入列”命令,设置列名为 scoreid,数据类型为 int;展开下面“列属性”的“标识规范”,在“(是标识)”下拉列表框中选择“是”;“标识增量”“标识种子”默认为 1。去掉任务 4-1 创建的主键(学号和课程编号组合在一起),设置标识列成绩编号 scoreid 为主键,如图 4-16 所示,完成后进行保存。

当然在进行上述修改之前,应该确保成绩表 t_score 中没有数据,否则修改报错,因为标识列不允许有空值,也不能包含默认值定义或对象。

标识列的数据类型只能选择整型(tinyint、smallint、int、bigint)或者小数位数为 0 的精确数值型(decimal、numeric)。如果使用 tinyint 数据类型,当记录数达到 255 时就不能再插入数据。即使将表清空,也不能从头创建已经使用过的标识列的值。

打开成绩表 t_score 数据窗口,可以看到 scoreid 列的值不能输入,由系统自动产生,如图 4-17 所示。如果在 INSERT 语句或者 UPDATE 语句指定了标识列的值,执行会报错。显然,标识列是为那些没有合适的列作为主键的表准备的。

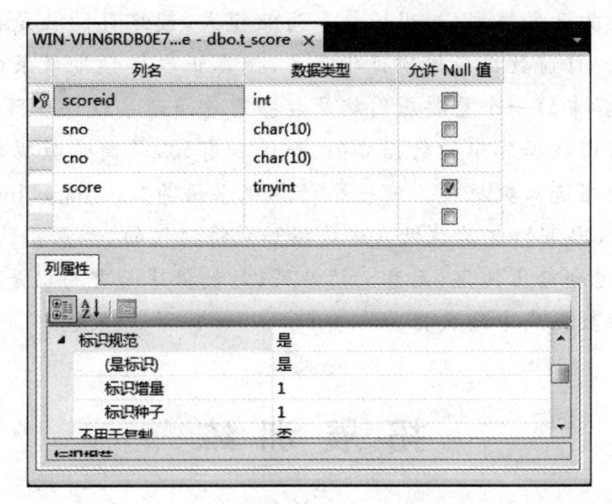

图 4-16　设置 scoreid 为标识列

WIN-VHN6RDB0E7...e - dbo.t_score

scoreid	sno	cno	score
1	s23001	c001	100
2	s23001	c002	66
3	s23002	c002	66
4	s23003	c005	77
5	s23005	c004	99
NULL	NULL	NULL	NULL

1 / 5　单元格是只读的。

图 4-17　成绩表 t_score 数据窗口

2. 使用 T-SQL 创建标识列

如果在创建成绩表 t_score 时指定 scoreid 列为标识列和主键，代码如下：

```
USE studentscore
CREATE TABLE t_score
(
    scoreid int IDENTITY(1,1) PRIMARY KEY,
        --scoreid 列为标识列和主键,标识种子和标识增量都为 1
    sno char(10) REFERENCES t_student(sno) NOT NULL,
    cno char(10) REFERENCES t_course(cno) NOT NULL,
    score tinyint CHECK(score>= 0 AND score<= 100) NULL
)
GO
```

思政小课堂

Garbage In，Garbage Out

大数据时代数据产生的价值越来越大，基于数据的相关技术、应用形式也在快速发展，开发基于数据的新型应用已经成为企业信息化建设的一个重点领域。当前各大厂商、用户都在探索与数据相关的开发技术、应用场景和商业模式，最终目的就是挖掘数据价值，推动业务发展，实现盈利。目前数据应用项目非常多，但真正取得预期效果的项目却很少，而且开发过程困难重重，其中的一个重要原因就是数据质量问题导致许多预期需求无法实现。

数据完整性能保证数据库中的数据准确、一致和有效，是衡量数据库质量的标准之一，约束可以防止无效数据进入数据库。有一个计算机术语为“Garbage In，Garbage Out”，意思是：进去的是垃圾，出来的也是垃圾。这是指如果将错误的、无意义的数据输入计算机系统，计算机自然也一定会输出错误、无意义的结果，对数据库而言的确是这样。所以，要养成严谨的思维习惯对待数据库中的数据。

拓展训练

一、实践题

延续项目 3 的拓展训练实践题，分别使用 SSMS 和 T-SQL 完成下面的训练内容。

（1）在教师授课数据库中实现数据完整性，数据完整性的具体要求如下：

① 教师表的工号、课程表的课程编号、授课表的学号和课程编号（组合在一起）、部门表的部门编号分别设置为主键。

② 教师的性别默认值为“男”，只能输入“男”或“女”。

③ 课程表的课程性质只能选择考试课或考查课。

④ 授课表中的工号必须来自教师表的工号，授课表中课程编号必须来自课程表的课程编号，教师表中的所属部门必须来自部门表的部门编号，不能无中生有。

（2）在图书借还数据库中实现数据完整性，数据完整性的具体要求如下：

① 读者表的读者编号、图书表的图书编号、借还表的读者和图书编号（组合在一起）、书库表的书库编号分别设置为主键。

② 读者的性别默认值为“男”，只能输入“男”或“女”。

③ 图书表的标准书号为唯一值。

④ 借还表的还书时间要大于或等于借书时间。

⑤ 借还表中的读者编号必须来自读者表的读者编号，借还表中的图书编号必须来自图书表的图书编号，图书表中的所属书库必须来自书库表的书库编号，不能无中生有。

二、理论题

1. 单选题

（1）根据关系模式的完整性规则，一个关系中的主键（　　）。

A. 不能有两列组成　　　　B. 不能成为另一个关系的外部键

C. 不允许为空值　　　　　D. 可以取空值

（2）创建表语句中的 NOT NULL 表示的含义是（　　）。

A. 允许空格　　　　　　　B. 非空约束

C. 不允许写入数据　　　　　　　　　　　D. 不允许读取数据

(3) 如数据库中有 A 表,包括学生、学科、成绩、序号四列,表结构和数据如表 4-2 所示。

表 4-2　A 表的表结构和数据

学生	学科	成绩	序号
张三	语文	80	1
张三	数学	100	2
李四	语文	70	3
李四	数学	80	4
李四	英语	80	5

上述(　　)列可作为主键列。

A. 序号　　　　B. 成绩　　　　C. 学科　　　　D. 学生

(4) 一张表的主键个数为(　　)。

A. 至多 3 个　　　　B. 没有限制　　　　C. 至多 1 个　　　　D. 至多 2 个

(5) 关系数据库中,主键是(　　)。

A. 创建唯一的索引,允许空值　　　　B. 只允许以表中第一字段建立

C. 允许有多个主键　　　　D. 为标识表中唯一的实体

(6) 下面不正确的说法是(　　)。

A. 关键字只能由单个属性组成

B. 在一个关系中,关键字的值不能为空

C. 一个关系中的所有候选关键字均可以被指定为主关键字

D. 关键字是关系中能够用来唯一标识元组的属性

(7) 使字段的输入值为 0～100 的约束是(　　)。

A. CHECK　　　　B. PRIMARY KEY

C. FOREIGN KEY　　　　D. UNIQUE

(8) 保证一个表的非主键列不会输入重复值的约束是(　　)。

A. CHECK　　　　B. PRIMARY KEY

C. FOREIGN KEY　　　　D. UNIQUE

2. 填空题

(1) 在 SQL Server 中,使用________关键字来指定主键约束。

(2) SQL Server 支持关系模型中有________、________和________三种不同的完整性约束。

(3) 在 ALTER TABLE 中,指明添加约束的关键字是________。

(4) 在 SQL Server 中,指明默认值约束的关键字是________。

(5) 在 SQL Server 中,指明检查约束的关键字是________。

(6) 在 SQL Server 中,指明唯一约束的关键字是________。

(7) 在 SQL Server 中,指明外键约束的关键字是________。

(8) 在 ALTER TABLE 中,指明删除约束的关键字是________。

3. 简答题

（1）什么是实体完整性？SQL Server 是如何实现实体完整性约束的？

（2）什么是参照完整性？SQL Server 是如何实现参照完整性约束的？

（3）什么是域完整性？SQL Server 是如何实现域完整性约束的？

项目5　查询数据

创建好了表和约束,就可以放心地输入数据了。使用数据库不只是为了放数据,更是为了用数据。用数据就要把数据从数据库中取出来,查询就是从数据库中取数据的技术。SQL Server 中主要使用 SELECT 语句的强大功能来实现数据查询。

本项目涉及的知识点和任务如图 5-1 所示。

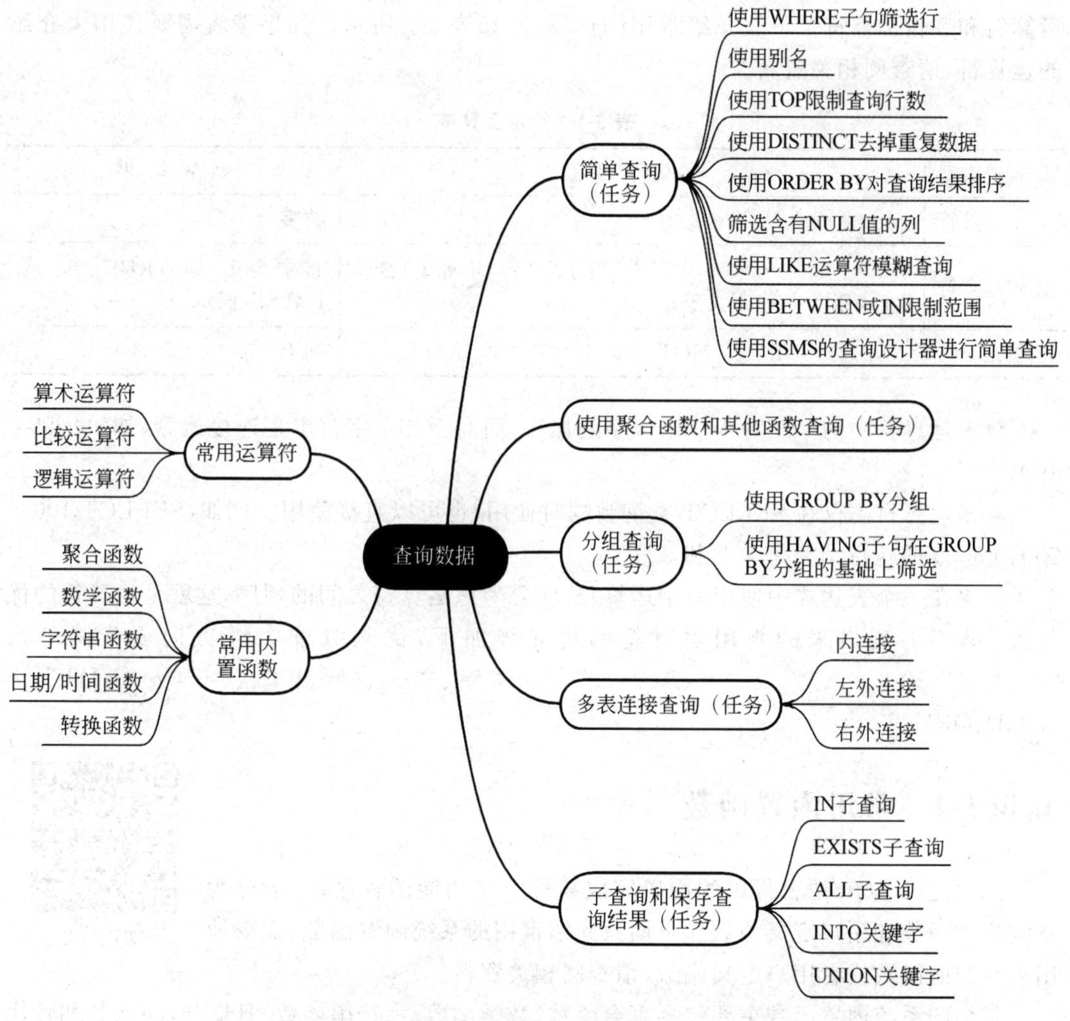

图 5-1　项目 5 思维导图

项目目标

- 了解SQL Server常用的运算符和常用函数。
- 掌握简单查询和其他类型的复杂查询,复杂查询是难点。
- 树立科学的思维方式来解决具体的数据查询问题。

5.1 知识准备

知识5-1

知识5-1 常用运算符

查询语句中使用运算符比较常见。SQL Server中的运算符主要包括算术运算符、比较运算符和逻辑运算符。下面介绍常用的运算符,如表5-1所示。如果读者需要使用未介绍的运算符,请查阅相关资料。

表5-1 常用运算符

运算符类型	说　明	运算结果
算术运算符	＋、－、*、/、%(求余运算)	数字
比较运算符	＝、＞、＜、＞＝、＜＝、＜＞(不等于)、!＝(不等于)、!＜(不小于)、!＞(不大于)	布尔类型,即TRUE(真)或FALSE(假)
逻辑运算符	AND(与)、OR(或)、NOT(非)	同上

算术运算符中的"＋"对于2个数字是加法,而对于2个字符串是连接运算(如'a'＋'b'＝'ab')。

算术运算符不仅在SELECT查询数据时使用,也可以直接使用。例如,SELECT 100＋200,0.6*5的执行结果是300和3。

如果在一个表达式中使用多个运算符,就要考虑运算符之间的顺序,这就是运算符的优先级。表5-1列出来的常用运算符的优先级如下(优先级按"→"方向逐步降低):"*、/、%"→"＋、－"→"＝、＞、＜、＞＝、＜＝、＜＞、!＝、!＜、!＞"→"NOT"→"AND、OR"。

知识5-2 常用内置函数

知识5-2

函数是T-SQL语言提供的用以完成某种特定功能的程序,一般分为系统内置函数和用户定义函数。下面只介绍常用的系统内置函数,需要使用未介绍的函数或者用户定义函数,请查阅相关资料。

常用的系统内置函数主要包括聚合函数、数学函数、字符串函数、日期/时间函数和转换函数。

1. 聚合函数

聚合函数有一定的统计功能，常用的聚合函数如表5-2所示。

表5-2　常用的聚合函数

函　数	功　能	所用列的类型
SUM	求和	仅用于数值类型
AVG	求平均值	仅用于数值类型
MAX	求最大值	可用于数值类型、字符类型以及日期时间类型
MIN	求最小值	
COUNT	求个数。COUNT(＊)求所选的行数	用于数值类型和字符类型

2. 数学函数

数学函数用于对数值进行数学运算，其数值类型有整型、精确数值型、近似数值型和货币类型。常用的数学函数如表5-3所示。

表5-3　常用的数学函数

函　数	功　能	举　例
ABS	求绝对值	ABS(－2)的值为2
CEILING	求大于或等于参数的最小整数	CEILING(3.5)的值为4
FLOOR	求小于或等于参数的最小整数	FLOOR(4.7)的值为4
ROUND	求参数的四舍五入值	ROUND(5.512,1)的值为5.5

3. 字符串函数

字符串函数用于操作字符串，常用的字符串函数如表5-4所示。

表5-4　常用的字符串函数

函　数	功　能	举　例
ASCII	求字符的ASCII码值	ASCII('a')的值为97
CHAR	求ASCII码所对应的字符	CHAR(66)的值为'B'
LEFT	求从字符串左边起指定个数的字符	LEFT('abcd',2)的值为'ab'
RIGHT	求从字符串左边起指定个数的字符	RIGHT('abcd',2)的值为'cd'
SUBSTRING	求原字符串中的部分字符串	SUBSTRING('abcd',2,2)的值为'bc'

4. 日期/时间函数

常用的日期/时间函数如表5-5所示。

表 5-5 常用的日期/时间函数

函数	功能	举例
GETDATE	求系统日期	GETDATE()的值为当前系统日期
DAY	求日期中的天的数值	DAY('2016-1-31')的值为 31
MONTH	求日期中的月的数值	MONTH('2016-1-31')的值为 1
YEAR	求日期中的年的数值	YEAR('2016-1-31')的值为 2016
DATEDIFF	求两个日期之间的差	DATEDIFF(day,'2016-1-31','2016-2-8')的值为 8

5. 转换函数

常用的转换函数如表 5-6 所示。

表 5-6 常用的转换函数

函数	功能	举例
CAST	不同数据类型之间的转换	CAST('2016-1-31' as char(10))的值为'2016-1-31'
CONVERT		CONVERT(char(10), '2016-1-31')的值为'2016-1-31'

5.2 任务划分

任务 5-1(1)

任务 5-1 简单查询

提出任务

简单查询是指在一张表里按不同的要求查询,并且不使用任何函数。使用 SELECT 语句查看学生表的数据是简单应用,SELECT 的强大搜索功能将从不同方面逐步体现。

实施任务

1. 使用 WHERE 子句筛选行

项目 3 的任务 3-3 使用的 SELECT 语句一般是从表里取数据,必须有 FROM 子句,这是 SELECT 语句最基本的形式。但任务 3-3 只是选择想要的列,还没有限制行,WHERE 子句可以在行上按条件筛选。例如,查询学生表中女同学信息的语句如下:

```
USE studentscore
SELECT * FROM t_student WHERE ssex='女'
```

如果有多个条件,条件表达式之间根据具体的查询要求用逻辑运算符连接。

2. 使用别名

查询结果中列的名称可以改成用户希望看到的名称(别名)。例如:

```
SELECT sname AS '姓名',sbirthday AS '出生日期' FROM t_student
```

别名之前的 AS 可以省略，只用空格隔开，也可以是如下格式：

```
SELECT '姓名'=sname, '出生日期'=sbirthday FROM t_student
```

3. 使用 TOP 限制查询行数

TOP 关键字可以只查询符合条件的前几行。任务 3-1 中查看表中的数据，从右键快捷菜单中选择“选择前 1000 行”命令，就会产生查询语句以及执行结果，这样用户可以根据自己的需要重新改写查询语句来查询自己想要的结果。

比如，查询学生表中前 2 名学生的姓名和出生日期的语句如下：

```
USE studentscore
SELECT TOP 2 sname,sbirthday FROM t_student
```

也可以加上 PERCENT，表示百分比，如查询前 10%的学生的姓名和出生日期的语句如下：

```
SELECT TOP 10 PERCENT sname,sbirthday FROM t_student
```

4. 使用 DISTINCT 去掉重复数据

如果查询学生表中的生源地，可能会出现重复数据，使用 DISTINCT 可以去掉重复数据。例如：

```
USE studentscore
SELECT DISTINCT sbirthplace FROM t_student
```

5. 使用 ORDER BY 对查询结果排序

ORDER BY 对查询结果进行排序，排序所依据的列后面加 ASC 表示升序(省略后，默认为升序)，DESC 表示降序。查询学生表中的数据并按出生日期升序排列的语句如下：

```
USE studentscore
SELECT * FROM t_student ORDER BY sbirthday
```

6. 筛选含有 NULL 值的列

查询生源地是 NULL 值的学生信息的语句如下：

```
USE studentscore          --查询生源地非空的条件是 sbirthplace IS NOT NULL
SELECT * FROM t_student WHERE sbirthplace IS NULL
```

7. 使用 LIKE 运算符模糊查询

查询姓“王”的同学信息的语句如下：

```
USE studentscore
SELECT * FROM t_student WHERE sname LIKE '王%'
```

任务 5-1(2)

其中，%是通配符。与 LIKE 运算符配合使用的通配符如表 5-7 所示。

表 5-7　与 LIKE 运算符配合使用的通配符

通配符	说　明
%	代表 0 个或多个任意字符
_	代表 1 个任意字符
[]	表示指定范围(如[a-h]、[0-4])或者集合(如[aeiou])中的任意单个字符
[^]	表示不属于指定范围(如[^a-h]、[^0-4])或者集合(如[^aeiou])中的任意单个字符

如果执行如下查询：SELECT * FROM t_student WHERE sname LIKE '王_ _',(王后面是两个下划线),会发现结果与上面的不同,这是因为 sname 的数据类型是 nchar(10),是固定长度的字符串。如果值是“王语嫣”,那么后面还有 7 个空格。

8. 使用 BETWEEN 或 IN 限制范围

(1) BETWEEN。查询 1998 年出生的学生姓名。语句如下：

```
USE studentscore
SELECT sname FROM t_student WHERE sbirthday BETWEEN '1998-1-1' AND '1998-12-31'
```

(2) IN。查询生源地是“昆明”或“苏州”的学生姓名。语句如下：

```
USE studentscore
SELECT sname FROM t_student WHERE sbirthplace IN('昆明', '苏州')
```

上面的 WHERE 子句等价于

```
sbirthplace= '昆明' OR sbirthplace= '苏州'
```

9. 使用 SSMS 的查询设计器进行简单查询

在 SSMS 的 studentscore 数据库上编辑 t_student 表的数据时,会出现“查询设计器”菜单,单击此菜单,依次添加“关系图”“条件”“SQL”与“结果”窗格,如图 5-2 所示。完成后可以看到查询设计器窗口如图 5-3 所示。

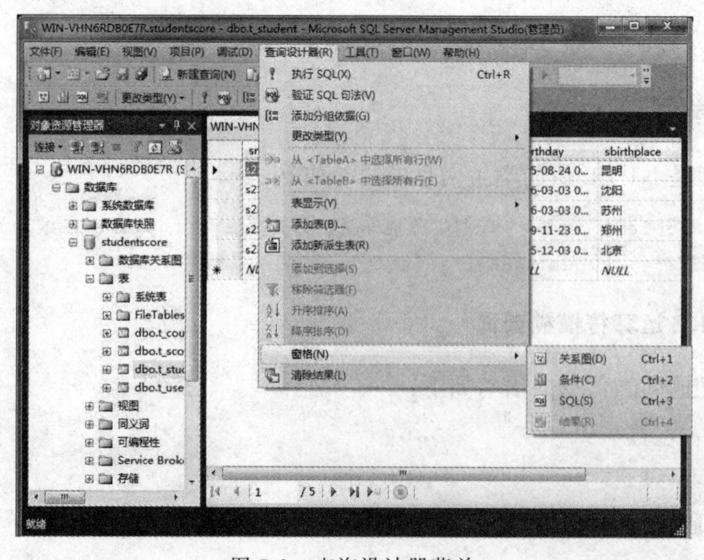

图 5-2　查询设计器菜单

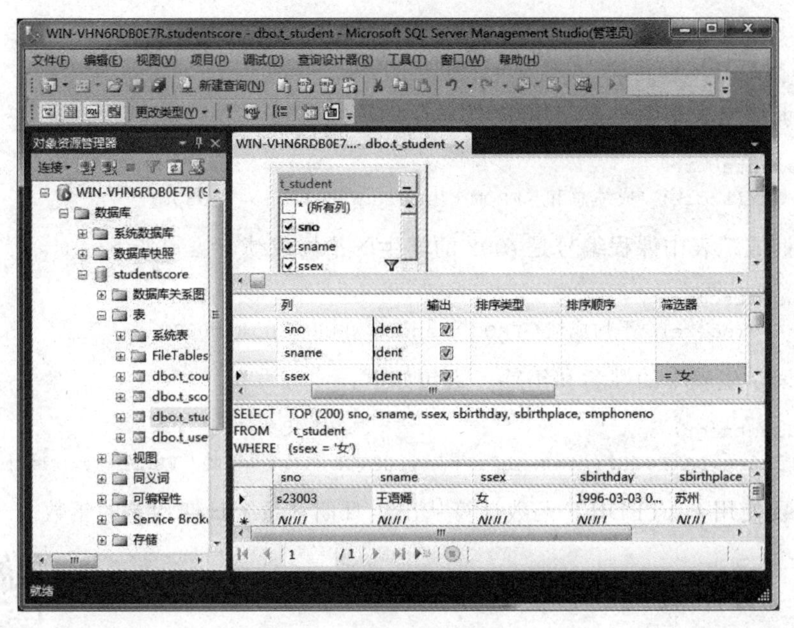

图 5-3　查询设计器窗口

- “关系图”窗格：显示要查询的表和列。
- “条件”窗格：设置“别名”“输出”“排序类型”（升序或降序），以及“排序顺序”（对应 ORDER BY 子句）、“筛选器”（对应 WHERE 子句）、“或”（逻辑运算符 OR）。
- SQL 窗格：自动生成 SQL 查询语句。
- “结果”窗格：显示查询结果。

从图 5-3 中可以看到，查询设计器中使用了别名、TOP 关键字、WHERE 子句（在 ssex 列上用“筛选器”做了筛选，图形化表的 ssex 列后面有“漏斗”标志）。本任务中前面 8 种不同要求的查询都可以在查询设计器里直观地完成，并且自动生成 SQL 代码。或者把写好的查询语句复制到 SQL 窗格，单击工具栏里“！”执行查询，可以查看结果。

本任务的大部分查询可以用查询设计器完成，SQL Server 的强大功能由此可见一斑。

任务 5-2　使用聚合函数和其他函数查询

任务 5-2

提出任务

系统内置函数中的聚合函数在查询中应用比较多，可以按不同要求使用聚合函数和其他函数查询。

实施任务

（1）查询学生表中的总人数。语句如下：

```
USE studentscore
SELECT COUNT(sno) '总人数' FROM t_student
```

（2）查询学生表中最晚的出生日期。语句如下：

```
USE studentscore              --最早的出生日期用 MIN 函数
SELECT MAX(sbirthday) '最晚出生日期' FROM t_student
```

(3) 查询成绩表中学号是 s03001 的学生的成绩总和。语句如下:

```
USE studentscore
SELECT SUM(score) '成绩总和' FROM t_score WHERE sno='s03001'
```

(4) 查询成绩表中课程编号是 c002 的学生的平均成绩。语句如下:

```
USE studentscore
SELECT AVG(score) '平均成绩' FROM t_score WHERE cno='c002'
```

(5) 查询学生表中的姓名和年龄。语句如下:

```
USE studentscore
SELECT sname,DATEDIFF(year,sbirthday,GETDATE()) '年龄' FROM t_student
```

年龄需要使用 DATEDIFF 函数计算从出生日期到系统日期相差的年数。

任务 5-3　分组查询

任务 5-3

提出任务

聚合函数的统计功能有限,和分组一起使用有更强的统计功能。使用 GROUP BY 子句可以实现分组,分组之后,可以使用 HAVING 子句在分好的组上进行筛选,当然也可以没有 HAVING 子句。

实施任务

(1) 查询学生表中男女生的人数。语句如下:

```
USE studentscore
SELECT ssex '性别',COUNT(*) '人数' FROM t_student GROUP BY ssex
```

(2) 查询成绩表中选修了一门以上课程的学生的学号和选课数量。语句如下:

```
USE studentscore
SELECT sno '学号',COUNT(cno) '选课数量' FROM t_score GROUP BY sno HAVING COUNT(*)
>1
```

去掉 HAVING 子句就是成绩表中每个学号(所对应的学生)选修的课程数量。读者同样可以仿照上面的任务查询成绩表中每门课程(课程编号)的选修人数,以及选修人数在 1 个以上的课程编号和选修人数。

任务 5-4　多表连接查询

任务 5-4

提出任务

为了存储数据的方便而设计了多张表,查询数据的时候,则需要从多张表中提取数据。比如,要查询某个学生(姓名)某一门课(课程名称)的成绩,就要用到学生表、课程表和成绩表。

分析任务

多表连接一般有 2 种类型：内连接(INNER JOIN)和外连接(OUTER JOIN)，如表 5-8 所示。外连接又包括左外连接(LEFT OUTER JOIN 或者 LEFT JOIN)、右外连接(RIGHT OUTER JOIN 或者 RIGHT JOIN)和完全外连接(FULL OUTER JOIN 或者 FULL JOIN)。

表 5-8　多表连接类型

连接类型	说　明
内连接	查询结果是两个表中满足连接条件的数据
外连接	左外连接：查询结果除了满足连接条件的数据，还有左表中余下的数据
	右外连接：查询结果除了满足连接条件的数据，还有右表中余下的数据
	完全外连接：查询结果除了满足连接条件的数据，还有左表和右表中余下的数据

内连接和外连接示意图及语句格式如图 5-4 所示。

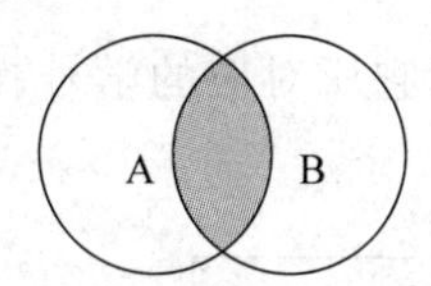


```
SELECT <select_list>
FROM TableA A
INNER JOIN TableB
B ON A.Key=B.Key
```

(a) 内连接

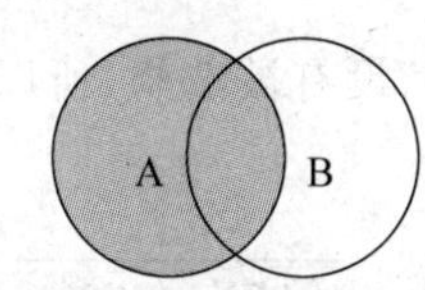


```
SELECT <select_list>
FROM TableA A
LEFT JOIN TableB
B ON A.Key=B.Key
```

(b) 左外连接

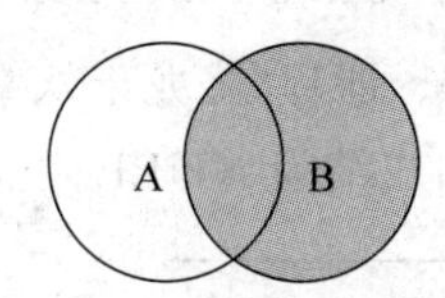


```
SELECT <select_list>
FROM TableA A
RIGHT JOIN TableB
B ON A.Key=B.Key
```

(c) 右外连接

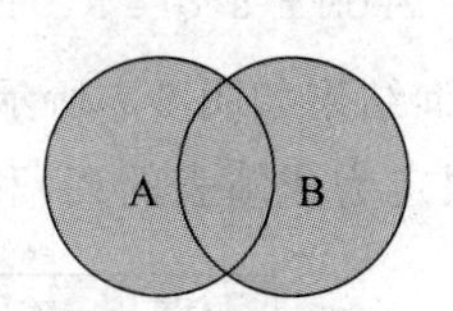


```
SELECT <select_list>
FROM TableA A
FULL JOIN TableB
B ON A.Key=B.Key
```

(d) 完全外连接

图 5-4　内连接和外连接示意图及语句格式

注意： 图 5-4 的语句格式中 TableA、TableB 在 from 子句中分别使用了别名 A、B，在后面的 on 条件子句里不能再使用原来的表的名称。

实施任务

1. 内连接

查询所有选课学生的姓名、选修的课程名称和成绩。语句如下：

```
USE studentscore
SELECT sname, cname, score FROM t_course INNER JOINt_score
ON t_course.cno = t_score.cno
    INNER JOIN t_student ON t_score.sno = t_student.sno
```

姓名、课程名称和成绩分别在 3 个表中，对 3 个表连接时，成绩表中既有学号又有课程编号，应该放在中间。查询结果如图 5-5 所示。如果查询某个学生的选修课程名称和成绩，应该加上 WHERE 子句。

结果　消息

	sname	cname	score
1	段誉	语文	100
2	段誉	数学	66
3	萧峰	数学	66
4	王语嫣	地理	77
5	虚竹	历史	99

图 5-5　内连接

2. 左外连接

查询所有学生(包括未选课的)的学号、姓名、选修的课程编号和成绩。语句如下:

```
USE studentscore
SELECT t_student.sno,sname,cno,score
    FROM t_student LEFT JOIN t_score ON t_student.sno =t_score.sno
```

学号列在学生表、成绩表中都有,前面必须用表的名称限定,否则会出现二义性错误。查询结果如图 5-6 所示。学生“虚竹”没有选修任何课程,所以他所对应的课程编号和成绩为 NULL。

3. 右外连接

查询所有课程(包括未被选修的)的课程编号、课程名称、选修的学号和成绩。语句如下:

```
USE studentscore
SELECT sno,t_score.cno,score,cname
    FROM t_score RIGHT JOIN t_course ON t_score.cno =t_course.cno
```

查询结果如图 5-7 所示。课程“降龙十八掌”没有被选修,所以它所对应的学号、课程编号(被限定为成绩表的列)和成绩为 NULL。

	sno	sname	cno	score
1	s23001	段誉	c001	100
2	s23001	段誉	c002	66
3	s23002	萧峰	c002	66
4	s23003	王语嫣	c005	77
5	s23004	虚竹	NULL	NULL
6	s23005	慕容复	c004	99

图 5-6　左外连接

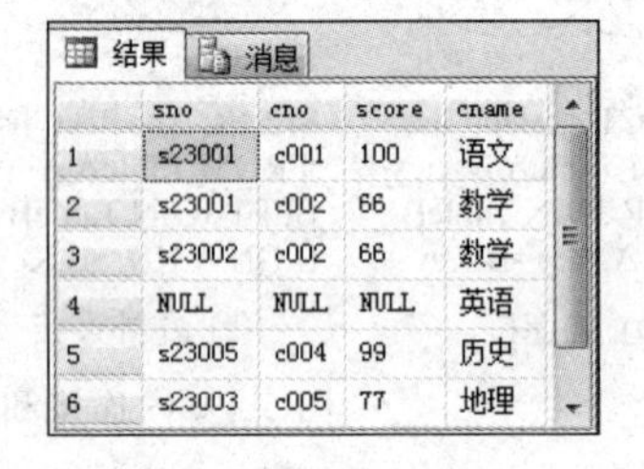

	sno	cno	score	cname
1	s23001	c001	100	语文
2	s23001	c002	66	数学
3	s23002	c002	66	数学
4	NULL	NULL	NULL	英语
5	s23005	c004	99	历史
6	s23003	c005	77	地理

图 5-7　右外连接

上述的内连接查询使用查询设计器完成,操作很方便。

要查询的姓名、课程名称和成绩分别来自学生表 t_student、课程表 t_course 和成绩表 t_score,所以在“关系图”窗格中要将 3 张表都添加上,如图 5-8 所示。

添加后的 3 张表因为在项目 4 中已经建立主外键的关系,所以表之间自动建立内连接。在 SQL 窗格可以看到内连接的语句,和上面内连接的语句含义相同。

在 3 张表中分别选择要查询的列:姓名 sname、课程名称 cnmae 和成绩 score。

单击查询设计器工具栏里的“执行 SQL”按钮,在“结果”窗格可以看到查询结果。对比上面内连接的查询结果是完全相同的。

如果添加的表之间事先没有主外键关系,或者删除三个表之间的主外键关系,就会变成交叉连接 CROSS JOIN。如果把 CROSS JOIN 替换为“,”,也是交叉连接,交叉连接查询的结果就是三个表的所有行交叉匹配,使查询失去意义。这时如果要建立三个表之间的内连接,只需用鼠标拖动 t_student 表的 sno 列到 t_score 表的 sno 列上,拖动 t_score 表的 cno 列到 t_course 表的 cno 列上即可。然后按照上面的步骤得到相同结果的查询。

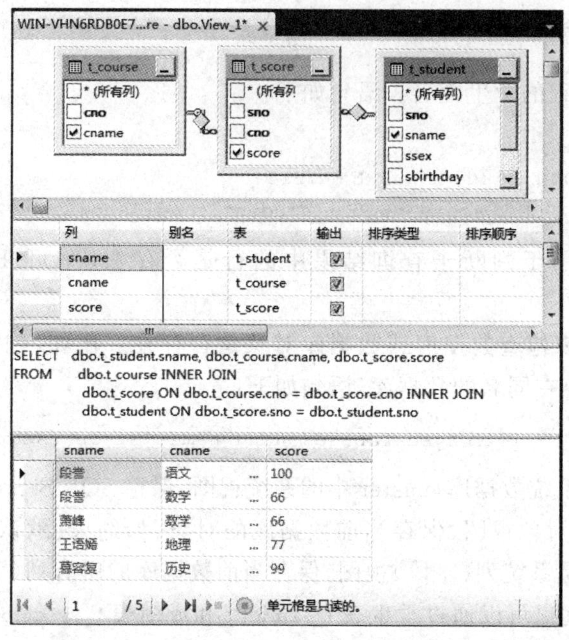

图 5-8　使用查询设计器完成内连接查询

对于左外连接和右外连接,“关系图”窗格上表之间的连接图标和内连接有所不同。

任务 5-5　子查询和保存查询结果

任务 5-5

提出任务

子查询在一个查询语句中嵌套另一个查询,也就是在一个查询语句中可以使用另一个查询的结果。子查询常用的关键字是 IN、EXISTS、ALL、ANY 等。

INTO 子句和 UNION 子句可以保存和处理查询结果。

实施任务

1. IN 子查询

(1) 查询选修了 c002 课程的学生的学号、姓名、性别。语句如下:

```
USE studentscore
SELECT sno,sname,ssex FROM t_student WHERE sno IN
(SELECT sno FROM t_score WHERE cno='c002')
```

(2) 查询没有选修“书法”课程的学生的学号、姓名、性别、生源地。语句如下:

```
USE studentscore
SELECT sno,sname,ssex,sbirthplace FROM t_student WHERE sno NOT IN
    (SELECT sno FROM t_score WHERE cno IN
        (SELECT cno FROM t_course WHERE cname='书法'))
```

2. EXISTS 子查询

查询有不及格课程的学生姓名。语句如下：

```
USE studentscore
SELECT sname FROM t_student WHERE EXISTS
    (SELECT sno FROM t_score WHERE t_student.sno=t_score.sno AND score<60)
```

EXISTS 关键字用于判断子查询结果中的行是否存在，NOT EXISTS 的作用正好相反。

EXISTS 通常用来检查数据库或数据库对象是否存在。比如，创建 studentscore 数据库之前，先检查是否存在同名的数据库，语句如下：

```
IF EXISTS(SELECT * FROM sysdatabases WHERE name='studentscore')
```

sysdatabases 是系统数据库 master 中的系统视图，保存 SQL Server 的数据库信息。另外，sysobjects 是系统对象视图，保存当前数据库的对象，如约束、默认值、日志、规则、存储过程等；syscolumns 是系统列(字段)视图，保存当前数据库的所有列(字段)。

当然，上面的查询也可以通过学生表 t_student 和成绩表 t_score 的内连接，使用查询设计器完成。

3. ALL 子查询

查询成绩表中大于每门课平均分的学号、课程编号和成绩。语句如下：

```
USE studentscore
SELECT sno,cno,score FROM t_score A WHERE score>ALL
    (SELECT AVG(score) FROM t_score B WHERE A.cno =B.cno )
```

ALL 和 ANY 一般用于比较子查询。ALL 比较子查询的所有值，所有值满足比较关系时，结果为 TRUE，否则为 FALSE；ANY 比较子查询的任何一个值，任何一个值满足比较关系时，结果为 TRUE，否则为 FALSE。

4. INTO 关键字

INTO 关键字后面加新表的名字，可以将 SELECT 查询的结果保存到一个新表中，可以用于表部分或者全部的复制，包括表的结构和数据。语句如下：

```
USE studentscore
SELECT * INTO t_gaibang FROM t_student WHERE sbirthplace='丐帮'
```

在对象资源管理器的“表”节点上刷新并展开，可以找到新生成的 t_gaibang 表，根据上面查询执行的消息就可以知道这个表里有几行数据。

5. UNION 关键字

UNION 关键字可以将两个或多个 SELECT 查询的结果合并成一个结果。UNION 合并的结果集必须具有相同的结构，并且列数相等。语句如下：

```
USE studentscore
```

```
SELECT * FROM t_student WHERE sbirthplace='丐帮'
UNION
SELECT * FROM t_student WHERE sbirthplace='嵩山少林寺'
```

如果把上面的 INTO 关键字、UNION 关键字的查询复制到图 5-3 所示的查询设计器中执行，SQL Server 2012 及更高的版本会出现如图 5-9 所示的错误和其他类似错误，在“关系图”窗格和“条件”窗格中无法用图形化的方式表示查询，看来查询设计器不支持这两个关键字的查询。

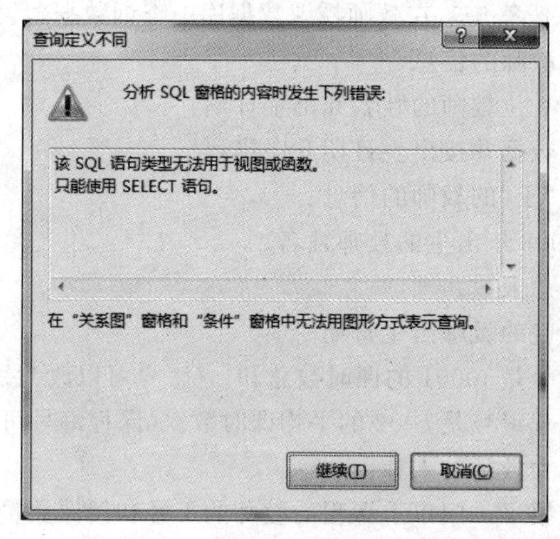

图 5-9 查询设计器出现错误

思政小课堂

科学的思维方式

数据查询是数据库的重要内容之一，首先要掌握 SELECT 语句的复杂用法，其次在思想上要建立科学的思维方式来解决问题。对于给定要求的查询，可能存在不同的查询方法和手段，不能局限于某种固定的套路，而应该勇于探索且敢于尝试不同的查询方法，分析不同方法的优劣和适合场景，用科学的思维方式来解决具体问题。

科学的思维方式为人们认识世界和改造世界提供了科学思想方法。

所谓思维方式，是指人们反映事物和思考问题的角度、方法及其特征。科学思维方式是以辩证唯物主义和历史唯物主义为根本思想武器进行科学探索、科学实践、科学研究的思维方法。它要求用全面的、发展的、变化的观点看待问题及认识问题，用辩证的、系统的方法观察问题及分析问题，注重探寻规律及发现规律，形成规律性认识并用以指导实践，促进实践发展。求实求真性、能动创造性、辩证系统性、历史时代性是科学思维方式最鲜明的特点。

科学的思维方式是正确认识和把握规律的有效工具。认识规律及把握规律是人们有效地进行社会实践活动的基本前提。思维方式深刻地影响着人们对规律的认识和把握，进而深刻地影响着人们的社会实践。科学思维方式为我们观察、分析世界的发展变化，正确认识和把握规律，明确我们所处的历史方位、发展阶段和主要任务，提供了有效工具。

拓展训练

一、实践题

延续项目 4 的拓展训练实践题,完成下面的训练内容。

(1) 参照任务 5-1～任务 5-5,在教师授课数据库中查询数据,具体的要求如下。

① 查询教师表中女教师的信息。

② 查询教师表中前 3 位教师的姓名和出生日期。

③ 查询教师表中的数据并按出生日期升序排列。

④ 查询教师表中姓“王”的教师的信息。

⑤ 查询教师表中 1988 年出生的教师姓名。

⑥ 查询教师表中的总人数。

⑦ 查询教师表中最晚的教师出生日期。

⑧ 查询授课表中工号是 t0001 的课时数总和。(工号可以改为别的具体的值)

⑨ 查询授课表中课程编号是 c002 的平均课时数。(课程编号可以改为别的具体的值)

⑩ 查询教师表中男女教师的人数。

⑪ 查询授课表中教授了一门以上课程的教师的工号和授课数量。

⑫ 查询所有授课教师的姓名、教授的课程名称、所属部门的名称和课时数。

⑬ 查询所有教师(包括未上课外出培训或者下企业锻炼的)工号、姓名、教授的课程编号和课时数。

⑭ 查询所有课程(包括未被本校教师教授,而要请外聘教师授课的)的授课教师工号、课程编号、课程名称和课时数。

⑮ 查询教授了 c002 课程的教师的工号、姓名、性别。(课程编号可以改为别的具体的值)

⑯ 查询没有教授“易筋经”课程的教师的工号、姓名、性别。(课程名称可以改为别的具体的值)

⑰ 查询教授课程的课时数在 100 以下教师姓名。

⑱ 查询授课表中大于每门课课时数平均值的工号、课程编号和课时数。

(2) 参照任务 5-1～任务 5-5,在图书借还数据库中查询数据,具体的要求如下。

① 查询读者表中女读者的信息。

② 查询读者表中前 2 名读者的读者编号和读者姓名。

③ 查询图书表中的数据按所属书库升序排列。

④ 查询图书表中的所属书库是 NULL 值的图书信息。

⑤ 查询读者表中姓“王”的读者的信息。

⑥ 查询图书表中的所属书库是 s001 或 s002 的图书名称。(书库编号可以改为别的具体的值)

⑦ 查询读者表中的总人数。

⑧ 查询图书表中2018年出版的图书的价格总和。

⑨ 查询图书表中2020年出版的图书的平均价格。

⑩ 查询借还表中的读者编号、图书编号和借阅天数。

⑪ 查询读者表中男女读者的人数。

⑫ 查询借还表中借阅了一本以上图书的读者编号和借书数量。

⑬ 查询所有借阅图书读者的姓名、借阅的图书名称、所属书库的名称和借阅天数。

⑭ 查询所有读者(包括未借书的)的读者编号、姓名、借阅的图书编号和借阅天数。

⑮ 查询所有图书(包括未被借阅的)的图书编号、图书名称、借阅的读者编号和借阅天数。

⑯ 查询借阅了b002图书的读者编号、姓名、性别。(图书编号可以改为别的具体的值)

⑰ 查询没有借阅"数据结构"图书的读者编号、姓名、性别。(图书名称可以改为别的具体的值)

⑱ 查询借阅超期(借阅天数在90天以上)的读者姓名、所属书库的名称和借阅图书的名称。

二、理论题

1. 单选题

(1) SELECT语句的完整语法较复杂,但至少包括的部分是(　　)。

A. 仅SELECT　　B. SELECT,FROM

C. SELECT,GROUP　　D. SELECT,INTO

(2) 以下聚合函数求数据总和的是(　　)。

A. MAX　　B. SUM　　C. COUNT　　D. AVG

(3) SELECT语句中的条件用以下(　　)项来表达。

A. THEN　　B. WHILE　　C. WHERE　　D. IF

(4) 查找条件为"列SNAME不是NULL"的WHERE子句是(　　)。

A. WHERE SNAME ! NULL　　B. WHERE SNAME NOT NULL

C. WHERE SNAME IS NOT NULL　　D. WHERE SNAME! =NULL

(5) 在SQL语言中,子查询是(　　)。

A. 选取单表中字段子集的查询语句

B. 选取多表中字段子集的查询语句

C. 返回单表中数据子集的查询语言

D. 嵌入到另一个查询语句之中的查询语句

(6) 下列(　　)不属于多表连接类型。

A. 左外连接　　B. 内连接　　C. 中间连接　　D. 交叉连接

(7) 以下(　　)项用来分组。

A. ORDER BY　　B. ORDERED BY

C. GROUP BY　　D. GROUPED BY

(8) 按照SNAME列降序排列的正确子句是(　　)。

A. ORDER BY DESC SNAME　　B. ORDER BY SNAME DESC

C. ORDER BY SNAME ASC　　D. ORDER BY ASC SNAME

(9) 在 SELECT 语句中,使用(　　)关键字可以把重复行屏蔽。

A. TOP　　B. ALL　　C. UNION　　D. DISTINCT

(10) 有 3 个表的记录行数分别是 10 行、2 行和 6 行,3 个表进行交叉连接后,结果集中共有(　　)行数据。

A. 18　　B. 10　　C. 不确定　　D. 120

(11) 从 GROUP BY 分组的结果集中再次用条件表达式进行筛选的子句是(　　)。

A. FROM　　B. ORDER BY　　C. HAVING　　D. WHERE

(12) 以下用于左连接的是(　　)。

A. JOIN　　B. RIGHT JOIN　　C. LEFT JOIN　　D. INNER JOIN

(13) 条件 BETWEEN 20 AND 30 表示年龄为 20～30,且(　　)。

A. 包括 20 岁而不包括 30 岁　　B. 不包括 20 岁而包括 30 岁

C. 不包括 20 岁和 30 岁　　D. 包括 20 岁和 30 岁

(14) 条件 IN(20,30,40)表示(　　)。

A. 年龄为 20～40　　B. 年龄为 20～30

C. 年龄是 20 或 30 或 40　　D. 年龄为 30～40

(15) 数据库中有 A 表(见表 4-2),统计每个学科的最高分的语句是(　　)。

A. SELECT 学生,MAX(成绩) FROM A GROUP BY 学生

B. SELECT 学生,MAX(成绩) FROM A GROUP BY 学科

C. SELECT 学生,MAX(成绩) FROM A ORDER BY 学生

D. SELECT 学生,MAX(成绩) FROM A GROUP BY 成绩

(16) 上面第 15 题中,统计最高分大于 80 的学科的语句是(　　)。

A. SELECT MAX(成绩) FROM A GROUP BY 学科 HAVING MAX(成绩)>80

B. SELECT 学科 FROM A GROUP BY 学科 HAVING 成绩>80

C. SELECT 学科 FROM A GROUP BY 学科 HAVING MAX(成绩)>80

D. SELECT 学科 FROM A GROUP BY 学科 WHERE MAX(成绩)>80

(17) 要查询 t_student 表 sname 列中包含"晓"的正确语句是(　　)。

A. SELECT * FROM t_student WHERE sname LIKE '#晓#'

B. SELECT * FROM t_student WHERE sname LIKE '& 晓 &'

C. SELECT * FROM t_student WHERE sname LIKE '$晓$'

D. SELECT * FROM t_student WHERE SNAME LIKE '%晓%'

(18) 子查询中可以使用运算符 ANY,它表示的意思是(　　)。

A. 满足所有的条件　　B. 满足至少一个条件

C. 一个都不用满足　　D. 满足至少 5 个条件

(19) 在算术运算符、比较运算符、逻辑运算符这三种符号中,优先级排列正确的是(　　)。

A. 算术/逻辑/比较　　B. 比较/逻辑/算术

C. 比较/算术/逻辑　　D. 算术/比较/逻辑

2. 填空题

(1) 数据查询语言的主要 SQL 语句是________。

(2) ________关键字能够将两个或多个 SELECT 语句的结果连接起来。

(3) 用 LIKE 运算符进行模糊查询时,可以在条件值中使用________或%等通配符来配合查询。

(4) 在 SELECT 语句的 FROM 子句中可以指定多个表或视图,相互之间可以用________分隔。

(5) 补全语句 SELECT vend_id,COUNT(*) FROM products WHERE prod_price>=10 GROUP BY vend_id ________ COUNT(*)>=2。

(6) 将已经存在的 students 表中的结构和数据复制到一个新的 students1 表中的语句是________。

(7) SELECT 语句的执行过程是从数据库中选取匹配的特定________和________,并将这些数据组织成一个结果集,然后以________的形式返回。

3. 简答题

(1) 什么是子查询?IN 子查询、比较子查询、EXISTS 子查询各有什么功能?

(2) UNION 关键字的作用是什么?

(3) 什么是内连接?什么是左连接?什么是右连接?

项目6　使用视图筛选数据

查询是数据库应用最主要的操作，使用的数据一般不是所有表中的所有数据，而是一个或者多个表上按照需要筛选的数据。视图可以将一张表或多张表的数据按要求筛选到一张新"表"中，而这个新"表"无须创建和存储。当然通过有些视图也可以修改、删除以及插入原表中的数据。

本项目涉及的知识点和任务如图 6-1 所示。

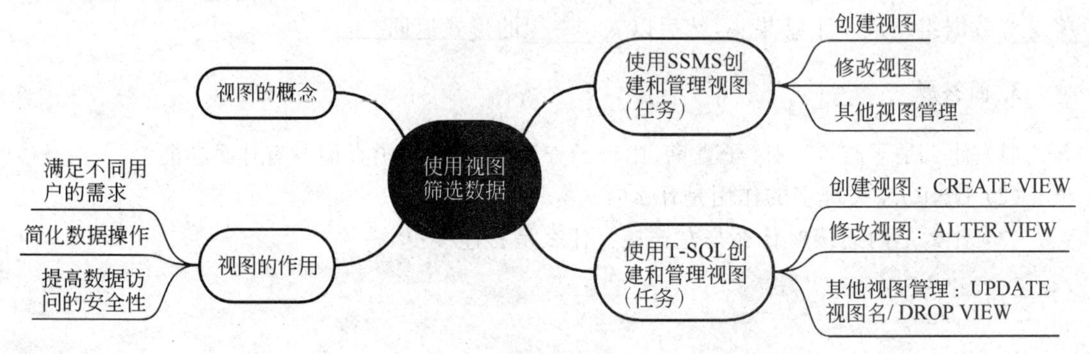

图 6-1　项目 6 思维导图

项目目标

- 理解视图的概念和作用。
- 掌握视图的创建和管理。
- 增强数据的服务意识，深刻地理解和使用视图。

6.1　知识准备

知识 6-1

1. 视图的概念

随着数据库中数据的增多，一般情况下，用户在某段时间关注的数据仅仅是其中的一小部分。就像超市里的顾客只关注自己感兴趣的商品，而对其他商品视而不见，更不可能关注超市的所有商品。顾客感兴趣的商品就是进入顾客眼里的商品，可用视图进行展示。

视图将用户感兴趣的数据临时地按一定的逻辑性组织在一个虚拟表里，内容由查询定义。如图 6-2 所示，左上的学生表和左下的成绩表都是真实存在的，如果用户想知道段誉和王语嫣两人的成绩，那么从学生表中取出这两个人的学号、姓名，再从成绩表中取出这两个人学号对应的课程编号和成绩，组成右下的表格。这个表不是真实存在的表，它是视图。当然，视图的数据也可以来源于已有的视图。

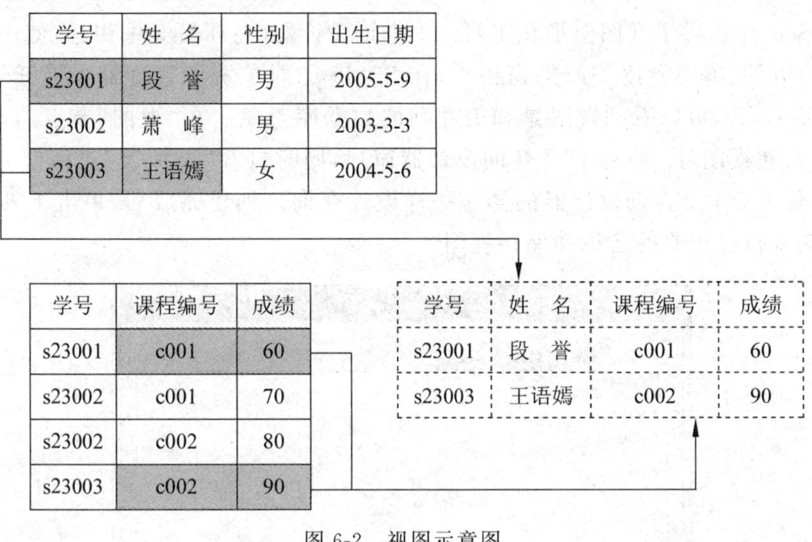

图 6-2　视图示意图

2. 视图的作用

(1) 满足不同用户的需求。不同用户对数据的需求不同，视图可以把不同用户感兴趣的数据放在不同的视图里，用户可以把视图作为表来操作。

(2) 简化数据操作。用户并不关心数据库是如何设计的，表的结构又是什么，用户只想方便快捷地操作对自己有用的数据，视图就可以将这些呈现给用户，简化了数据的操作，包括增、删、改、查。当然，视图来源地原始表中的数据如果发生变化，也会自动反映到视图中。

(3) 提高数据访问的安全性。如果用户直接操作表中的数据，就会暴露表的名称和列名，带来安全隐患。同时，对视图的访问权限进行管理，也可以提高数据访问的安全性。

6.2　任务划分

任务 6-1

任务 6-1　使用 SSMS 创建和管理视图

提出任务

创建视图，完成任务 5-4 中的查询，查询所有选课学生的姓名、选修的课程名称和成绩。然后，增加筛选条件，修改视图，最后进行其他视图管理工作。

实施任务

1. 创建视图

SQL Server 提供了视图图形化工具——查询设计器(在项目 5 中用过,使用它创建、修改视图时更方便,不需要逐一添加窗格)。在 SSMS 的对象资源管理器里展开学生成绩数据库 studentscore,可以看到视图是和表并列的数据库对象。在“视图”节点的右键快捷菜单里选择“新建视图”命令,会打开查询设计器窗口,同时打开“添加表”对话框,如图 6-3 所示,然后与任务 5-4 里查询设计器的操作一样设计查询。创建完成后,单击工具栏里的“保存”按钮,输入自己想要的名称并保存视图。

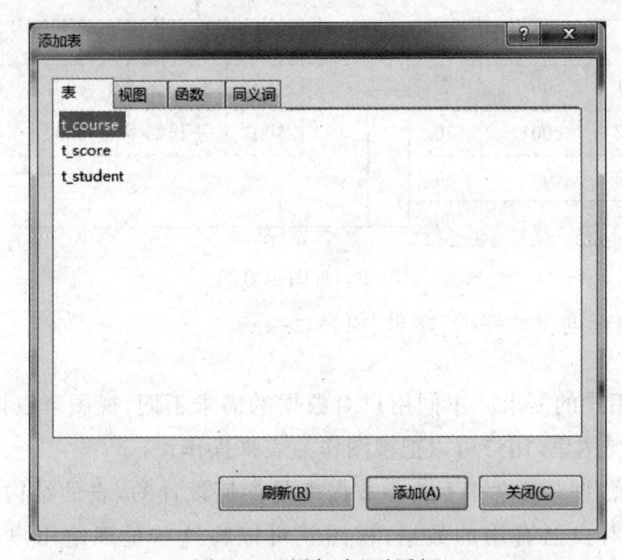

图 6-3 “添加表”对话框

2. 修改视图

如果对创建好的视图不满意,在要修改的视图图标上右击,选择右键快捷菜单里的“设计”命令,重新打开查询设计器窗口。

修改刚才所创建的视图,要求查询成绩优秀(大于或等于 80 分)的学生姓名、课程名称和成绩。

在查询设计器的“条件”窗格,score 列的筛选器栏里输入条件“>=80”,这时在“关系图”窗格 t_score 表的 score 列后面出现漏斗的形状,表示过滤,在这个列上增加了筛选条件。运行查询语句,可以看到结果,如图 6-4 所示。

3. 其他视图管理

在 SSMS 的对象资源管理器的“视图”节点的右键快捷菜单里可以看到几乎和表相同的命令,说明视图可以被当作表使用,可以用和表一样的方法来操作。比如,选择“编辑前 200 行”命令,可以和修改表的数据一样来修改视图的数据。

编辑刚才修改过的视图,将段誉的“书法”课程的成绩改为 77,按 Enter 键后,选择“执

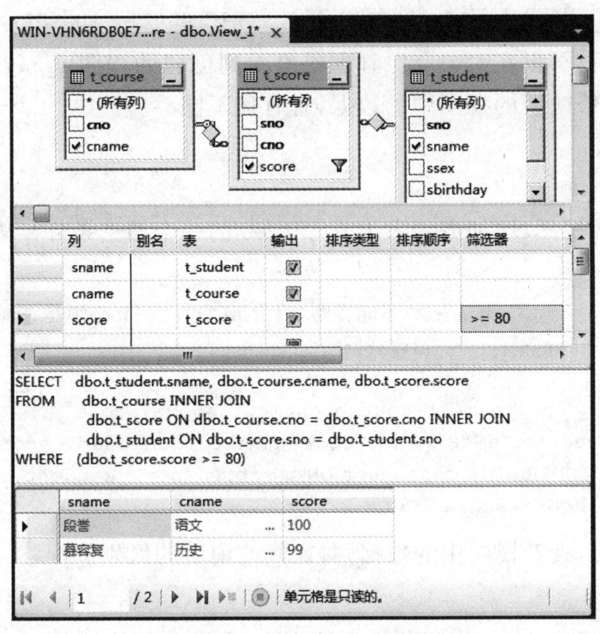

图 6-4 添加筛选条件修改视图

行 SQL”命令，会看到查询设计器的“结果”窗格已经没有这行数据了，因为 77 不符合“>=80”的筛选条件。查看成绩表，原来的 90 已经改为 77 了。

如果要删除视图，可以选择其右键快捷菜单里的“删除”命令完成删除。

提示：查询设计器在项目 5 里用到过。查询设计器可以使数据查询不但直观、容易理解，而且可以自动产生查询语句，并可以保存为视图，非常方便。同时，通过这些视图也可以修改、删除以及插入原表中的数据。但是，使用了聚合函数或者分组子句查询所定义的视图不能使用这些操作。

任务 6-2 使用 T-SQL 创建和管理视图

任务 6-2

提出任务

使用 T-SQL 创建和管理视图，完成和任务 6-1 相同的工作。

实施任务

1. 创建视图

代码如下：

```
USE studentscore
GO                        --GO 不能省略，因为 CREATE VIEW 必须是查询批次中的第一条语句
CREATE VIEW v_myview1     --创建视图
AS
    SELECT t_student.sname,t_course.cname,t_score.score
        FROM t_course INNER JOIN t_score ON t_course.cno=t_score.cno
```

```
        INNER JOIN t_student ON t_score.sno=t_student.sno
```

语句成功执行后,可以在对象资源管理器里看到创建的视图 v_myview1。查看此视图中的数据,对比后面修改后的视图中的数据,看有何不同。

2. 修改视图

修改刚才创建的视图,增加成绩大于或等于 80 的一个筛选条件。语句如下:

```
USE studentscore
GO                          --GO 不能省略,因为 ALTER VIEW 必须是查询批次中的第一条语句
ALTER VIEW v_myview1        --修改视图
AS
   SELECT t_student.sname,t_course.cname,t_score.score
      FROM t_course INNER JOIN t_score ON t_course.cno=t_score.cno
            INNER JOIN t_student ON t_score.sno=t_student.sno
      WHERE t_score.score>=80
```

语句成功执行后,查看视图中的数据,对比修改前后的区别。

3. 其他视图管理

(1) 将修改后视图中的段誉的“书法”课程的成绩改为 77。语句如下:

```
USE studentscore
UPDATE v_myview1
   SET score=77
   WHERE sname='段誉' AND cname='书法'
SELECT * FROM v_myview1             --修改数据后的查询结果
```

执行结果是视图已经是空的了。

(2) 删除视图。语句如下:

```
USE studentscore
DROP VIEW v_myview1                 --删除视图
```

语句成功执行后,刷新对象资源管理器,可以看到 v_myview1 视图已经没有了。

思政小课堂

服务意识

数据库是为应用程序服务的,说到底是为人服务的,所以要增强数据的服务意识,深刻地理解和使用视图。

服务意识是指企业全体员工在与一切企业利益相关的人或企业的交往中所体现的为其提供热情、周到、主动的服务的欲望和意识,即自觉主动做好服务工作的一种观念和愿望,它发自服务人员的内心。

服务意识的内涵是:它是发自服务人员内心的;它是服务人员的一种本能和习惯;它是可以通过培养、教育训练形成的。

《现代汉语词典》中对“服务”的解释是:“为集体(或别人的)利益或为某种事业而工作。”也有专家给“服务”下的定义是这样的:“服务就是满足别人期望和需求的行动、过程

及结果。"前者的解释抓住了"服务"的两个关键点：一是服务的对象；二是说清了服务本身是一种工作，需要动手动脑地去做。后者的解释则抓住了服务的本质内涵。

我们生活的社会就处于一个大的社会系统中，相互依存，相互服务。从广义的"服务"来说，我们每天用的电、吃的米不都是电厂工人、农民兄弟给我们提供的服务吗？

服务意识必须存在于我们每个人的思想认识中，只有大家提高了对服务的认识，增强了服务的意识，激发起人在服务过程中的主观能动性，搞好服务才有思想基础。

拓展训练

一、实践题

分别使用 SSMS 和 T-SQL 完成以下训练内容。

(1) 在教师授课数据库中，请创建和管理由项目 5 实践题第 1 题中的查询所定义的视图。

(2) 在图书借还数据库中，请创建和管理由项目 5 实践题第 2 题中的查询所定义的视图。

二、理论题

1. 单选题

(1) 在视图上不能完成的操作是(　　)。

A. 查询　　B. 在视图上定义新的视图

C. 更新视图　　D. 在视图上定义新的表

(2) 创建视图的命令是(　　)。

A. ALTER VIEW　　B. ALTER TABLE

C. CREATE TABLE　　D. CREATE VIEW

(3) 视图是一种常用的数据对象，它是提供(　　)和(　　)数据的另一种途径，可以简化数据库操作。

A. 插入，更新　　B. 查看，检索　　C. 查看，存放　　D. 检索，插入

2. 填空题

(1) 在 SQL Server 中，使用________语句创建视图。

(2) 在 SQL Server 中，使用________语句删除视图。

(3) 在 SQL Server 中，使用________语句修改视图。

(4) 当所查询的表不在当前数据库时，可用________格式来指出表或视图对象。

3. 简答题

(1) 什么是视图？它与表有什么区别？

(2) 使用视图有什么作用？

项目 7　使用索引快速检索数据

随着数据库中数据的增多和查询次数的增加,查询速度会有一定程度的降低。索引是提高检索速度的一项技术。

本项目涉及的知识点和任务如图 7-1 所示。

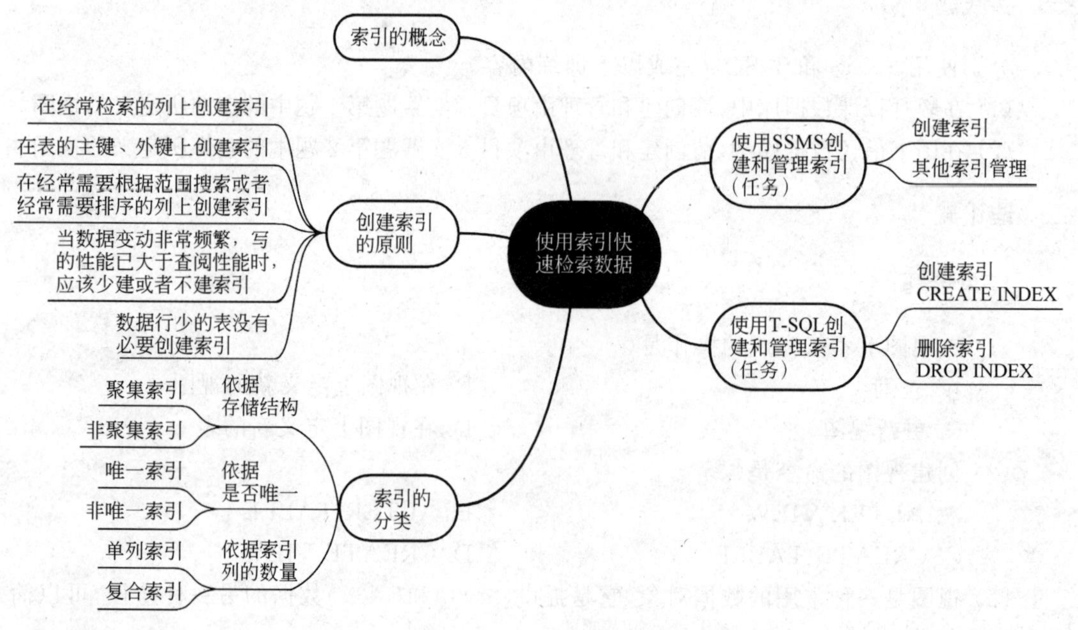

图 7-1　项目 7 思维导图

项目目标

- 理解索引的概念和分类。
- 掌握索引的创建和管理。
- 要以实事求是的精神科学地设计索引。

7.1　知 识 准 备

知识 7-1

1. 索引的概念

通常把索引比作书的目录,通过目录,不必翻阅整本书就可以找到想要的内容。在数据库中使用索引检索数据，同样不必扫描整个表。目录是内容和相应页码的清单，索引是数据和相应存储位置的列表。

索引既然是表中数据的“目录”，是依附于表的，是表的下一级对象。索引一旦创建，就成为表的一个组成部分。当表中的数据发生变化时，数据库系统会自动维护索引。

2. 创建索引的原则

索引可以创建在不同的列或者列的组合上，同时又需要动态维护，所以不是越多越好，当然也不是越少越好。要以实事求是的精神，科学地设计索引，才能提高检索的效率。创建索引应该遵循以下原则。

(1) 在经常检索的列上创建索引(如经常在 WHERE 子句中出现的列)。

(2) 在表的主键、外键上创建索引。

(3) 在经常需要根据范围搜索或者经常需要排序的列上创建索引。

(4) 当数据变动非常频繁，写的性能远大于查询性能时，应该少建或者不建索引。

(5) 数据行少的表没有必要创建索引。

3. 索引的分类

索引主要分为聚集索引和非聚集索引，是依据存储结构来划分的，还有其他的常用类型，即唯一索引和复合索引，如表 7-1 所示。复合索引可能是聚集的，也可能是非聚集的；可能是唯一的，也可能是不唯一的，只是分类的依据不同而已。

表 7-1 索引的分类

分类依据	索引类型	说　明
存储结构	聚集索引	表中行的物理顺序和与索引顺序相同，只能有 1 个聚集索引
	非聚集索引	索引顺序与行的物理顺序无关，通过指针指向数据行
是否有重复值	唯一索引	索引列上不包含重复的值
	非唯一索引	索引列上包含重复的值
索引列的数量	单列索引	在单个的列上创建的索引
	复合索引	在两个或者两个以上的列上创建的索引

图 7-2 和图 7-3 是聚集索引和非聚集索引示意图，左边表示索引值，右边是表。如果在第 1 列学号上创建聚集索引，那么聚集索引的顺序和数据行的顺序完全一致；如果在第 2 列姓名上创建非聚集索引，那么索引顺序是一个拼音顺序，通过拼音顺序找到想要的姓名后，再通过指针找到对应的数据行。

实际上，在项目 4 中给表创建了主键之后，主键所在的列会自动成为聚集索引；创建了唯一约束的列会自动成为唯一索引。

图 7-2　聚集索引示意图

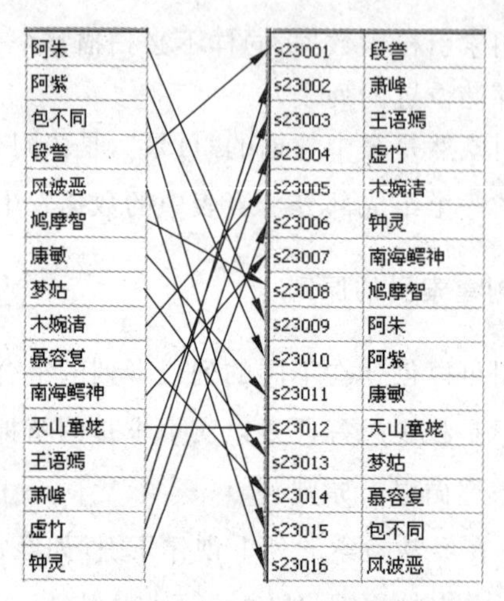

图 7-3　非聚集索引示意图

7.2　任务划分

任务 7-1

任务 7-1　使用 SSMS 创建和管理索引

提出任务

在学生表的姓名列上创建非唯一索引;然后将索引修改为生源地和姓名列上的复合索引,按生源地的升序排列,如果生源地相同,按姓名升序排列。创建完成后进行其他管理工作。

实施任务

1. 创建索引

在 SSMS 的对象资源管理器里展开学生成绩数据库 studentscore 里的学生表 t_student,在“索引”节点的右键快捷菜单上选择“新建索引”→“非聚集索引”命令,打开“新建索引”对话框,如图 7-4 所示。因为学生表学号是主键,已经是聚集索引了。

单击“添加”按钮,弹出选择列的对话框,如图 7-5 所示,选择 sname,单击“确定”按钮后返回“新建索引”对话框。索引默认是升序排序,再输入索引名称,单击“确定”按钮后,完成索引的创建。

2. 其他索引管理

双击刚才创建的索引图标,打开“索引属性”对话框(和“新建索引”对话框几乎相同),修改索引。单击“添加”按钮添加 sbirthplace 列,确认后,再把 sbirthplace 上移到上面一行,作为排序第 1 行。确认后修改完成。

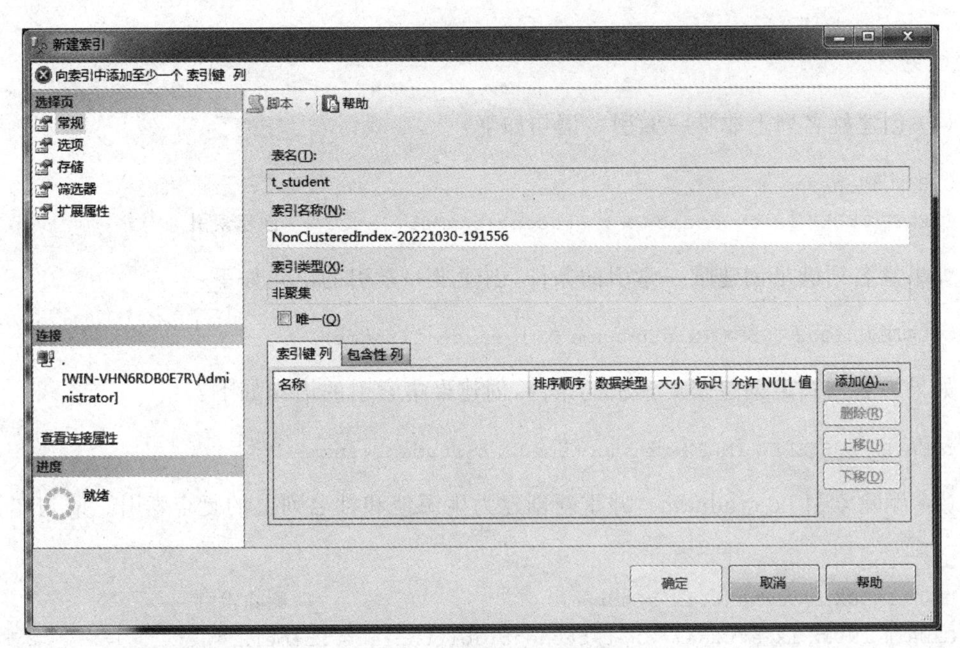

图 7-4　“新建索引”对话框

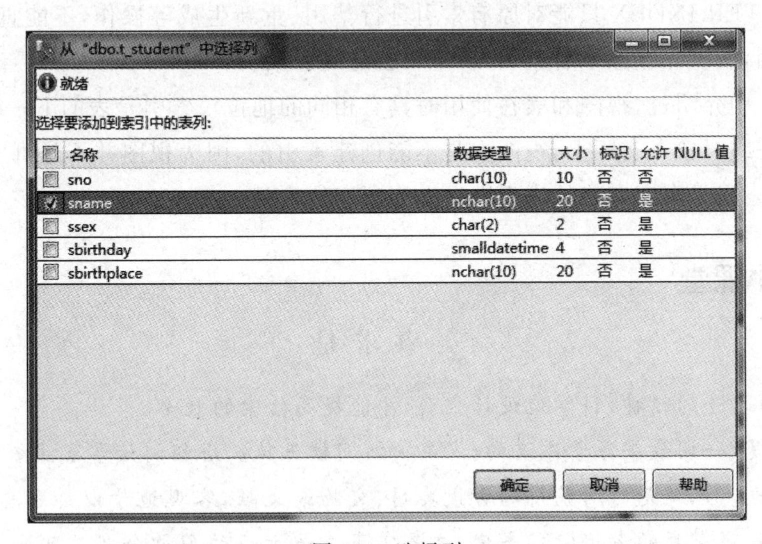

图 7-5　选择列

注意：聚集索引不能修改，只能删除；已有聚集索引的情况下，非聚集索引不能修改为聚集索引，因为聚集索引只能有一个。

在“索引”节点的右键快捷菜单中选择“删除”命令，可以删除索引。

任务 7-2　使用 T-SQL 创建和管理索引

任务 7-2

提出任务

使用 T-SQL 创建和管理索引，具体任务和任务 7-1 相同。

实施任务

(1) 创建姓名列上非唯一索引。语句如下:

```
USE studentscore
CREATE INDEX ix_studname ON t_student(sname)            --创建索引
```

如果姓名列满足创建唯一索引的条件,创建唯一索引的语句如下:

```
CREATE UNIQUE INDEX ix_studname ON t_student(sname)
```

如果姓名列满足创建聚集索引的条件,创建聚集索引的语句如下:

```
CREATE CLUSTERED INDEX ix_studname ON t_student(sname)
```

(2) 删除索引 ix_studname,并重新创建为生源地和姓名列上的复合索引。语句如下:

```
USE studentscore
DROP INDEX t_student.ix_studname                        --删除索引
CREATE INDEX ix_studname ON t_student(sbirthplace,sname)
```

因为 ALTER INDEX 只能对原有索引进行禁用、重新生成等操作,不能直接更改原有索引的表和列,所以先删除原有索引,再重新创建复合索引。

在项目 6 中介绍过,视图和表在使用时具有相同的地位。索引是表的下一级对象,而不是视图的下一级对象。实际上,视图上是不能创建索引的,因为视图并不是真实存在的表,而是虚拟表,索引是真实存在的表中数据排列顺序的目录。

 思政小课堂

实 事 求 是

要以实事求是的精神,科学地设计索引,才能提高检索的效率。

"实事求是"一词最早源于东汉的《汉书·河间献王传》,唐朝训诂学家注之为:"务得事实,每求真是也。"也就是对所获得的古代典籍、文物或文献,客观地予以辨别真假、对错、是非,即用一种严谨求真的考据(学)态度,这是实事求是古语的原初含义。可见,"实事求是"在中国古时候就体现出了人的一种精神理念和可贵的价值观。实际上,"实事求是"作为一种做人的指导方法和基本态度在中国传统哲学尤其儒家哲学中就已经开始重视起来了。在明末清初有一批思想家,比如王夫之等人,曾极力提倡要有"实事求是"的学风,这是一种好的治学精神。20 世纪 40 年代初,毛泽东在《改造我们的学习》中指出:"实事"就是客观存在着的一切事物;"是"就是客观事物的内部联系,即规律性;"求"就是我们去研究。我们要从国内外、省内外、县内外、区内外的实际情况出发,从中引出其固有而不是臆造的规律性,即找出周围事变的内部联系,作为我们行动的向导。他对"实事求是"这一诠释是与时俱进的,具有全面、深刻的马克思主义哲学内涵,是马克思主义哲学中国化的光辉典范。他贯彻了马克思主义哲学基本原理,进一步丰富和发展了马克思主义哲学。

拓展训练

一、实践题

分别使用 SSMS 和 T-SQL 完成下面的训练内容。

(1) 在教师授课数据库的教师表的所属部门和教师姓名列上创建复合索引,所属部门排序为第 1 行。

(2) 在图书借还数据库的图书表的标准书号列上创建唯一索引。

二、理论题

1. 单选题

(1) 不可对视图执行的操作有(　　)。

A. SELECT　　B. INSERT

C. DELETE　　D. CREATE INDEX

(2) SQL Server 中唯一索引的关键字是(　　)。

A. FULLTEXT INDEX　　B. ONLY INDEX

C. UNIQUE INDEX　　D. INDEX

(3) UNIQUE 唯一索引的作用是(　　)。

A. 保证各行在该索引上的值都不得重复

B. 保证各行在该索引上的值不得为 NULL

C. 保证参加唯一索引的各列,不得再参加其他的索引

D. 保证唯一索引不能被删除

(4) 为数据表创建索引的目的是(　　)。

A. 提高查询的检索性能　　B. 归类

C. 创建唯一索引　　D. 创建主键

(5) 下列(　　)方法不能用于创建索引。

A. CREATE INDEX　　B. CREATE TABLE

C. ALTER TABLE　　D. CREATE DATABASE

2. 填空题

(1) 在 SQL Server 中,使用________语句创建索引。

(2) 在 SQL Server 中,使用________语句删除索引。

(3) 创建普通索引时,通常使用的关键字是________。

(4) 创建唯一索引时,通常使用的关键字是________。

(5) 创建聚集索引时,通常使用的关键字是________。

3. 简答题

(1) 什么是索引？它有什么作用(包括好的作用和坏的作用)？

(2) 创建索引的原则是什么？

(3) 索引的分类有哪些？

项目 8　使用存储过程操作数据

存储过程是 T-SQL 语句编写的子程序,能够使 T-SQL 语句的执行更高效。本项目涉及的知识点和任务如图 8-1 所示。

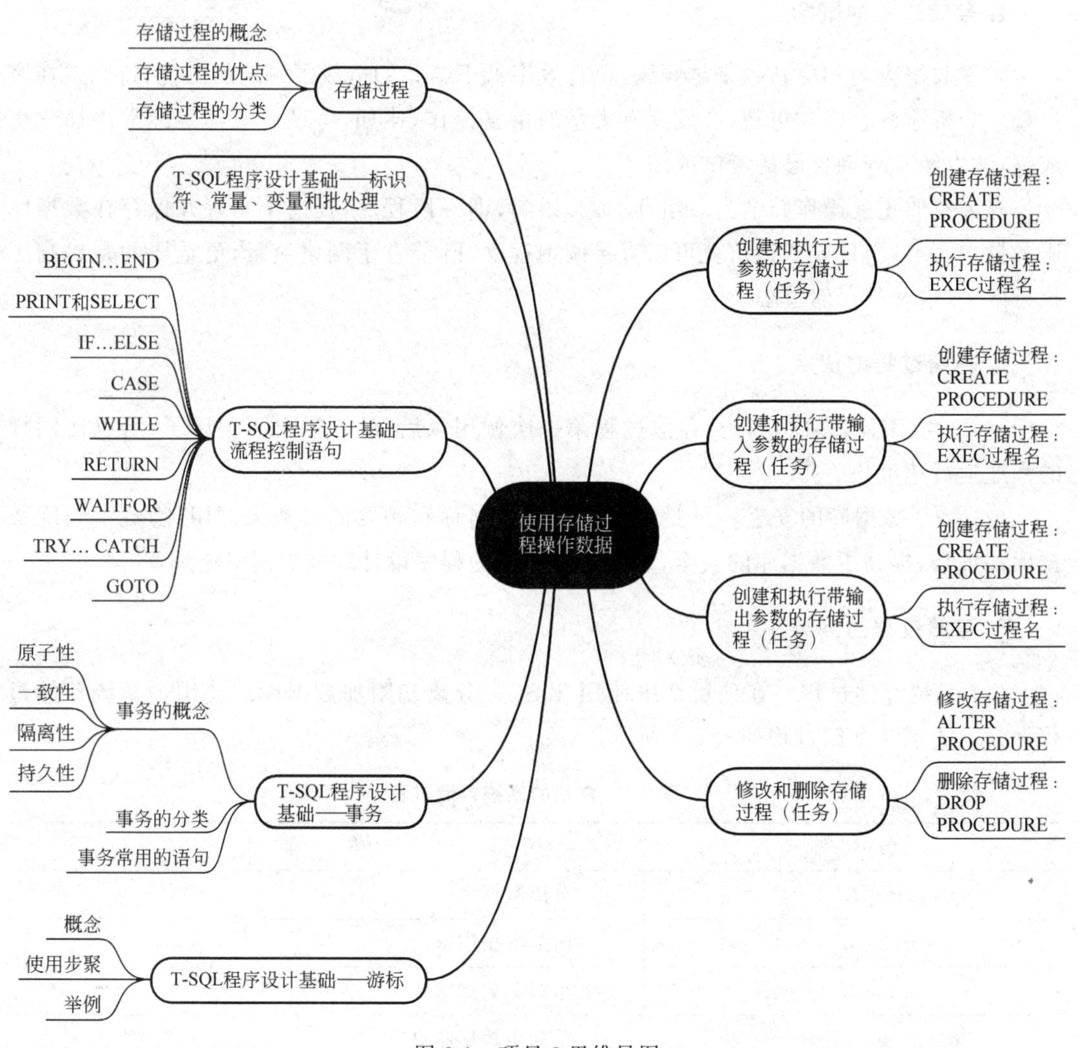

图 8-1　项目 8 思维导图

项目目标

- 理解存储过程的概念。

- 了解 T-SQL 程序设计基础。
- 掌握存储过程的创建和管理。
- 培养工匠精神,编写、调试 SQL 程序。

8.1 知识准备

知识 8-1

知识 8-1 什么是存储过程

1. 存储过程的概念

随着数据查询和更新越来越频繁,执行效率低下给人们造成了一定的困扰,特别是在客户端。分析这些查询和更新,会发现有大量的重复操作,比如,考试后老师要经常添加学生成绩,学生经常查询自己的考试成绩。

将大量的重复操作归纳为一组 T-SQL 语句,即一段程序,提前编写好并保存在数据库服务器中,一旦出现操作请求就可以直接调用程序,既节省了网络流量,更重要的是提高了执行效率,这就是存储过程。

2. 存储过程的优点

(1) 一次编译,多次执行。存储过程第一次调用以后,就不需要再编译了,所以比同样的程序运行速度快。

(2) 增强数据库的安全。只要通过存储过程名称和必要的参数来调用,隐藏了访问数据库的细节,提高了数据库的安全,也利于模块化的程序设计和减少网络流量。

3. 存储过程的分类

(1) 系统存储过程。在项目 2 中使用 T-SQL 分离和附加数据库时使用过系统存储过程。常用的系统存储过程如表 8-1 所示。

表 8-1 常用的系统存储过程

名 称	功 能
sp_detach_db	分离数据库
sp_attach_db	附加数据库
sp_renamedb	重命名数据库
sp_rename	重命名数据库对象
sp_bindrule	绑定规则
sp_unbindrule	解除绑定规则

续表

名　　称	功　　能
sp_bindefault	绑定默认值
sp_unbindefault	解除绑定默认值
sp_databases	列出服务器上的所有数据库
sp_helpdb	指定数据库或所有数据库的信息
sp_tables	当前环境下可查询的对象的列表
sp_columns	查看表的列信息
sp_help	查看表的所有信息
sp_helpconstraint	查看表的约束
sp_helpindex	查看表的索引
Sp_stored_procedures	当前环境下所有的存储过程

(2) 自定义存储过程。自定义存储过程用于实现用户自己的操作,命名时避免以"sp_"开头,要和系统存储过程区分开。

存储过程按照是否有参数,以及是输入参数还是输出参数,分为无参数的存储过程、带输入参数的存储过程和带输出参数的存储过程。

(3) 扩展存储过程。扩展存储过程提供从 SQL Server 到外部程序的接口,其名称一般以"xp_"开头,使用方法与系统存储过程相似。

知识 8-2　T-SQL 程序设计基础——标识符、常量、变量和批处理

1. 标识符

知识 8-2

服务器、数据库和数据库对象(如表、列、约束、规则、默认值、视图、索引、存储过程、触发器等)的名称就是标识符,命名标识符必须符合以下规则。

(1) 首字符必须以 ASCII 字符、Unicode 字符、下画线(_)、@、# 开头。但有些标识符有特殊意义,比如:

① 以@开头的标识符表示局部变量或参数。

② 以一个数字开头的标识符表示临时表或过程。

③ 以##开头的标识符表示全局临时对象。

(2) 标识符不能是 T-SQL 的保留字。

(3) 标识符中不能含有空格或其他特殊字符。

2. 常量

值不变的量称为常量。在 SQL Server 中,表 3-1 中系统数据类型的值都可以作为常量。常量的使用格式取决于其值的数据类型。字符型、日期时间型常量要用英文单引号"''"括起来,其他类型不需要。

3. 变量

值变化的量就是变量。变量有名称——合法的标识符,名称所代表的值的数据类型决定了变量的存储方式和运算方式。SQL Server 中的变量分为局部变量和全局变量。

(1) 局部变量。局部变量由用户定义,名称必须以"@"开头,先用 DECLARE 声明后才能使用。声明时要明确其数据类型,声明后的初始值为 NULL。使用 SET 语句或 SELECT 语句给局部变量赋值。

例如,声明一个局部变量并赋值,在 studentscore 数据库中查找生源地是变量值的学生姓名。

```
USE studentscore
DECLARE @syd NCHAR(10)                    --声明变量
SET @syd='姑苏'                           --变量赋值
SELECT sname FROM t_student WHERE sbirthplace=@syd
```

(2) 全局变量。全局变量是系统提供的,名称以"@@"开头,用户既不能定义又不能赋值,一般是用来保存 SQL Server 系统运行状态的数据。比如,下面的代码可以查看当前数据库的版本信息: SELECT @@VERSION。

4. 批处理

应用程序一次性地发送给 SQL Server 服务器执行的 T-SQL 语句组称为批处理,结束标志是 GO。SQL Server 将批处理编译成一个可执行单元来简化操作。如果一个批处理中的某条语句包含了语法错误,则整个批处理都不能被编译和执行。

使用批处理时应该注意,有些语句不能在同一个批处理中使用,如表 8-2 所示。在项目 2 中也提到过,调用存储过程时,如果不是批处理中的第一条语句,则不能省略 EXEC。

表 8-2 不能在同一个批处理中使用的语句

序号	语 句
1	CREATE RULE、CREATE DEFAULT、CREATE VIEW、CREATE PROCEDURE、CREATE TRIGGER/其他语句
2	绑定规则和默认值/使用该规则和默认值
3	定义 CHECK 约束/使用该 CHECK 约束
4	删除数据库对象/重建该数据库对象
5	修改表的列名/引用该新列名

知识 8-3 T-SQL 程序设计基础——流程控制语句

知识 8-3(1)

1. BEGIN...END

BEGIN...END 语句相当于程序设计语言中的一对括号,将一组 T-SQL语句括起来成为一个语句组。

2. PRINT 和 SELECT

PRINT 语句将用户定义的消息返回客户端。在查询编辑器里使用时,在消息窗口以文本方式显示输出结果,相当于程序设计语言中的打印输出。

SELECT 也有输出功能,在查询编辑器里使用时,在结果窗口以表格方式显示输出结果。

3. IF...ELSE

IF...ELSE 是条件判断语句,可以没有 ELSE 子句。

例如,查询段誉的平均成绩,如果大于或等于 90 分,则输出段誉平均成绩并显示“优秀”,否则输出段誉平均成绩并显示“不优秀”。代码如下:

```
USE studentscore
DECLARE @pjcj TINYINT
SELECT @pjcj=AVG(score)
    FROM t_student INNER JOIN t_score ON t_student.sno= t_score.sno WHERE sname='段誉'
IF @pjcj >=90
    PRINT'平均成绩'+CONVERT(CHAR(3), @pjcj)+'优秀'
ELSE
    PRINT'平均成绩'+CONVERT(CHAR(3), @pjcj)+'不优秀'
```

4. CASE

IF...ELSE 是两选一的分支语句,CASE 是多选一的分支语句。

例如,查询段誉的平均成绩,按五级制显示成绩。

90 分以上:优秀

80～89 分:良好

70～79 分:中等

60～69 分:及格

60 分以下:不及格

代码如下:

```
USE studentscore
DECLARE @pjcj TINYINT
SELECT @pjcj=AVG(score)
    FROM t_student INNER JOIN t_score ON t_student.sno= t_score.sno WHERE sname='段誉'
SELECT @pjcj '平均成绩','等第'=CASE
    WHEN @pjcj >=90 THEN '优秀'
    WHEN @pjcj BETWEEN 80 AND 89 THEN '良好'
    WHEN @pjcj BETWEEN 70 AND 79 THEN '中等'
    WHEN @pjcj BETWEEN 60 AND 69 THEN '及格'
    ELSE '不及格'
    END
```

5. WHILE

知识 8-3(2)

WHILE 是循环语句，当满足条件时重复执行循环体语句，直至不满足循环条件而退出循环。循环体内使用 BREAK 语句可以跳出循环，使循环终止；使用 CONTINUE 语句可以结束本次循环，而继续下一次循环。示例如下。

（1）计算 1～100 的和。语句如下：

```
DECLARE @i TINYINT,@sum SMALLINT
SET @i=0
SET @sum=0
WHILE @i<100
    BEGIN
        SET @i=@i+1
        SET @sum=@sum+@i
    END
PRINT @sum
```

（2）输出 100 以内不能被 3 整除的数的前 20 个。语句如下：

```
DECLARE @i TINYINT,@j TINYINT
SET @i=0
SET @j=0
WHILE @i<100
    BEGIN
        SET @i=@i+1
        IF (@i % 3=0) CONTINUE                    --被 3 整除的数不输出
        PRINT @i
        SET @j=@j+1
        IF @j>=20 BREAK                           --输出 20 个数以后跳出循环
    END
```

6. RETURN

RETURN 语句从查询、存储过程或批处理等语句块中无条件退出，不执行 RETURN 之后的语句。

7. WAITFOR

WAITFOR 语句指定需要等待的时间间隔（不超过 24 小时），或者需要等待到的某一时刻。

例如，10 秒后查询学生姓名。语句如下：

```
USE studentscore
WAITFOR DELAY '00:00:10'                          --等待 10 秒
SELECT sname FROM t_student
```

如果要求在 10:30 时查询，WAITFOR 语句如下：

```
WAITFOR TIME '10:30:00'
```

8. TRY...CATCH

TRY...CATCH 语句用于异常处理。TRY 语句块包含着可能产生错误的语句，CATCH 语句块包含着处理错误的语句。

例如，在学生表中插入学号为 s15031 的学生，会和已有的学号产生冲突，违反主键约束，此时应捕捉异常并输出错误号和错误信息。语句如下：

```
USE studentscore
BEGIN TRY                --包含可能产生错误的 INSERT 语句
    INSERT INTO t_student(sno,sname) VALUES('s15031','游坦之')
END TRY
BEGIN CATCH              --包含处理错误的语句，输出错误号和错误信息
    SELECT ERROR_NUMBER()'错误号',ERROR_MESSAGE() '错误信息'
END CATCH
```

9. GOTO

GOTO 是跳转语句，可以使程序直接跳转到指定标识符的位置继续执行。可以用 IF 语句设置跳转条件，但容易使程序结构混乱，降低程序的可读性，不推荐使用。

知识 8-4　T-SQL 程序设计基础——事务

知识 8-4

1. 什么是事务

事务是不可分割的工作逻辑单元，包含一组数据库语句。一个事务中的语句要么全部正确执行，要么全部不起作用，没有“中间”状态。事务具有原子性、一致性、隔离性和持久性，即 ACID 特性。

(1) 原子性。原子性即不可分割，事务要么全部执行，要么全部不执行。如果只执行一部分而不能进行下去，则必须回到未执行状态。

(2) 一致性。事务必须完成全部操作。事务完成时，必须使所有数据都保持一致状态。

(3) 隔离性。一个事务的执行不能被其他事务干扰，即事务内部的操作及使用的数据对其他事务是隔离的。

(4) 持久性。事务完成后，无论结果如何，都将永久保存在数据库中。

2. 理解事务举例

例如，银行转账中，将账户 A 的 10000 元转入账户 B，就需要作为一个事务来处理。

(1) 原子性：从账户 A 中转出 10000 元和账户 B 中转入 10000 元必须同时进行，只执行任何一个操作都不行。

(2) 一致性：转账完成后，账户 A 减少的金额必须和账户 B 增加的金额一致。

(3) 隔离性：转账操作瞬间，账户上的其他操作都不能执行，必须分开操作。

(4) 持久性：转账操作完成，对账户 A、B 的资金余额会产生永久影响。

3. 事务的分类

按事务的启动与执行方式,可以将事务分为3类。

(1) 显式事务(explicit transactions)。用户定义或用户指定的事务,即可以显式地定义启动和结束的事务。

(2) 自动提交事务(autocommit transactions)。默认事务管理模式。每个单独的语句就是一个事务的单位。如果一个语句成功地完成,则提交该语句;如果遇到错误,则回滚该语句。

(3) 隐性事务(implicit transactions)。当连接以此模式进行操作时,SQL Server 将在提交或回滚当前事务后自动启动新事务。无须描述事务的开始,只需提交或回滚每个事务。它生成连续的事务链。

4. 事务常用的语句

(1) BEGIN TRANSACTION(TRANSACTION 可简写为 TRAN):标记事务开始。

(2) COMMIT TRANSACTION:事务已经提交给数据库,事务结束。

(3) ROLLBACK TRANSACTION:数据处理过程中出错,回滚到没有处理之前的数据状态,或回滚到事务内部的保存点。

(4) SAVE TRANSACTION:事务内部设置的保存点,就是事务可以不全部回滚,只回滚到这里。

5. 操作事务举例

(1) 定义一个事务,将学生表中出生日期前移2年,只有每一行的出生日期都更新成功才提交整个事务。语句如下:

```
USE studentscore
BEGIN TRAN tra_stud                                --开始事务
    UPDATE t_student SET sbirthday=DATEADD(YEAR,-2, sbirthday)
COMMIT TRAN                                        --提交事务
```

(2) 在学生表插入一行,设置一个保存点。然后将所有人的出生日期前移2年,如果更新成功则提交整个事务,否则回滚到保存点。语句如下:

```
DECLARE @errornum INT
BEGIN TRAN tra_stud
    USE studentscore
    INSERT INTO t_student VALUES('s15005','木婉清','女',NULL,NULL,NULL)
SAVE TRAN tra_savepoint                            --设置保存点
    UPDATE t_student SET sbirthday=DATEADD(YEAR,-2, sbirthday)
    SET @errornum=@@ERROR
    IF(@errornum<>0)
        BEGIN
            ROLLBACK TRAN tra_savepoint    --回滚到保存点
            PRINT '更新出生日期失败!'
        END
```

```
ELSE
    BEGIN
        PRINT '更新出生日期成功！'
        COMMIT TRAN tra_stud
    END
```

以上语句运行时，成功更新出生日期。出生日期是 NULL 时不影响更新。

知识 8-5　T-SQL 程序设计基础——游标

知识 8-5

1. 什么是游标

SELECT 语句查询的结果是一组数据或者一个数据集合。如果要另外处理其中的某些行，可以用 WHERE 子句筛选，但仍然不够方便灵活。游标可以在查询结果中检索行、定位到某一行并修改数据。

2. 游标的使用步骤

一般使用游标的步骤如下：

（1）声明游标（DECLARE CURSOR）。

（2）打开游标（OPEN CURSOR）。

（3）读取游标（FETCH CURSOR）并根据需要操作数据。

（4）关闭游标（CLOSE CURSOR）。

（5）释放游标（DEALLOCATE CURSOR）。

3. 游标使用举例

（1）使用游标读取学生表的前 3 行数据的学号、姓名和生源地，结果如图 8-2 所示。

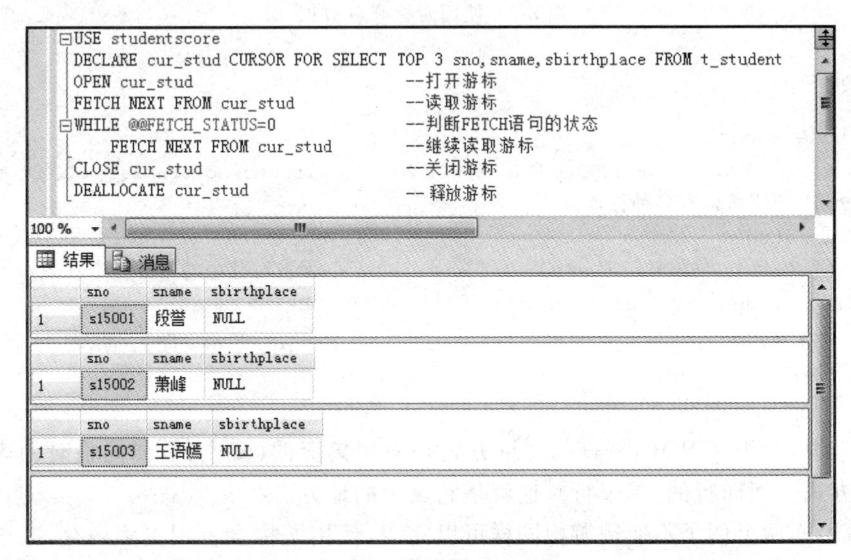

图 8-2　使用游标读取数据

语句如下：

```
USE studentscore
DECLARE cur_stud CURSOR FOR SELECT TOP 3 sno,sname,sbirthplace FROM t_student
                                        --声明游标
OPEN cur_stud                           --打开游标
FETCH NEXT FROM cur_stud                --读取游标
WHILE @@FETCH_STATUS=0                  --判断 FETCH 语句的状态
    FETCH NEXT FROM cur_stud            --继续读取游标
CLOSE cur_stud                          --关闭游标
DEALLOCATE cur_stud                     --释放游标
```

全局变量@@FETCH_STATUS 中保存 FETCH 语句的执行状态：0 表示执行成功；−1 表示失败或此行不在结果中；−2 表示被提取的行不存在。

(2) 使用游标修改萧峰的生源地为“沈阳”，结果如图 8-3 所示。

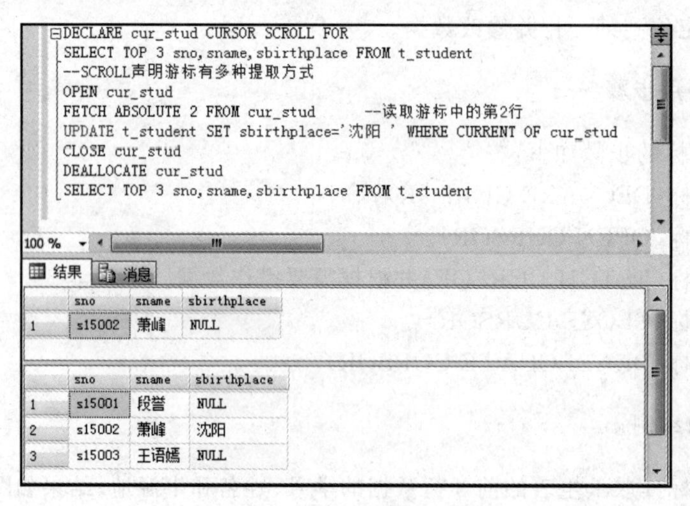

图 8-3　使用游标修改数据

语句如下：

```
USE studentscore
DECLARE cur_stud CURSOR SCROLL FOR SELECT TOP 3 sno,sname,sbirthplace FROM t_student
--SCROLL 声明游标有多种提取方式
OPEN cur_stud
FETCH ABSOLUTE 2 FROM cur_stud                          --读取游标中的第 2 行
UPDATE t_student SET sbirthplace='沈阳' WHERE CURRENT OF cur_stud
CLOSE cur_stud
DEALLOCATE cur_stud
SELECT TOP 3 sno,sname,sbirthplace FROM t_student
```

一般来说，对于 T-SQL，查询的思维方式是面向集合的(多个行，如同临时的表)，而游标的思维方式是面向行的(单个行)，这就是它灵活的地方。

但是，上面两个例子不使用游标同样可以完成，使用游标会占用更多内存，减少可用的并发，占用宽带，锁定资源。所以，尽管有其灵活性，但最好作为一种备用工具，应该尽量避免使用。

8.2　任务划分

任务 8-1

任务 8-1　创建和执行无参数的存储过程

提出任务

要通知成绩不及格的学生参加补考,需要查询出成绩不及格的学生学号、姓名和选修课程名称以及成绩,使用存储过程完成。

实施任务

1. 创建存储过程

使用 SSMS 和使用 T-SQL 创建存储过程基本上是一样的。

展开 studentscore 数据库的"可编程性"节点,可以找到"存储过程",在其右键快捷菜单中选择"新建存储过程"命令,打开创建存储过程的模板,也就是一个查询窗口,如图 8-4 所示。

```
CREATE PROCEDURE <Procedure_Name, sysname, ProcedureName>
    -- Add the parameters for the stored procedure here
    <@Param1, sysname, @p1> <Datatype_For_Param1, , int> = <Default_Value_For_Param1, , 0>,
    <@Param2, sysname, @p2> <Datatype_For_Param2, , int> = <Default_Value_For_Param2, , 0>
AS
BEGIN
    -- SET NOCOUNT ON added to prevent extra result sets from
    -- interfering with SELECT statements.
    SET NOCOUNT ON;

    -- Insert statements for procedure here
    SELECT <@Param1, sysname, @p1>, <@Param2, sysname, @p2>
END
GO
```

图 8-4　创建存储过程的模板

CREATE PROCEDURE 表示创建存储过程,后面由用户定义存储过程的名称和参数。AS 之后是存储过程要编写的具体内容。所以,用户使用 T-SQL 创建存储过程,在新建查询窗口中输入 CREATE PROCEDURE,效果基本上是一样的。语句如下:

```
USE studentscore
GO
--GO 不能省略,CREATE PROCEDURE 必须是批处理中仅有的语句
CREATE PROCEDURE pro_studscore                --创建存储过程
AS
    SELECT t_score.sno,sname,cname,score
        FROM t_course INNER JOINt_score ON t_course.cno = t_score.cno
                 INNER JOIN t_student ON t_score.sno = t_student.sno
        WHERE score< 60
```

成功执行后,刷新对象资源管理器,在 studentscore 数据库的"存储过程"节点里可以看

到新建的存储过程。

2. 执行存储过程

使用 SSMS 和使用 T-SQL 执行存储过程稍有不同。

在对象资源管理器中找到存储过程 pro_studscore,在其右键快捷菜单中选择“执行存储过程”命令,弹出“执行过程”窗口,因为没有参数,直接单击“确定”按钮,存储过程就被执行,如图 8-5 所示。图中可以看出,存储过程的返回值 0 也被输出,表示执行正常。

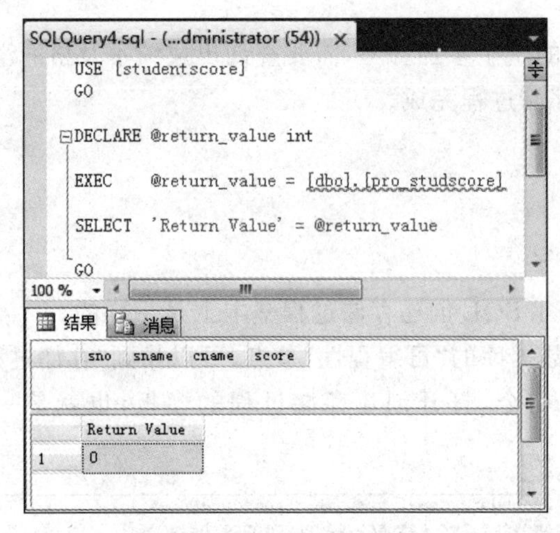

图 8-5 执行存储过程

使用 T-SQL 执行存储过程,在查询窗口输入 EXEC pro_studscore,再执行该语句即可。

任务 8-2 创建和执行带输入参数的存储过程

任务 8-2

提出任务

期末考试后,学生可以用学号查询自己的成绩,并使用存储过程完成。

实施任务

1. 创建存储过程

语句如下:

```
USE studentscore
GO                          --创建带输入参数的存储过程
CREATE PROCEDURE pro_queryscore @xuehao CHAR(10)
AS
    SELECT t_score.sno,sname,cname,score
        FROM t_course INNER JOINt_score ON t_course.cno = t_score.cno
                    INNER JOIN t_student ON t_score.sno = t_student.sno
```

```
WHERE t_score.sno=@xuehao
```

语句成功执行后，刷新对象资源管理器，在 studentscore 数据库的“存储过程”节点里可以看到新建的存储过程。

2. 执行存储过程

在对象资源管理器中找到存储过程 pro_queryscore，在其右键快捷菜单中选择“执行存储过程”命令，弹出“执行过程”对话框，如图 8-6 所示。输入参数的值，单击“确定”按钮之后，就可以查询到输入学号对应的课程和成绩。

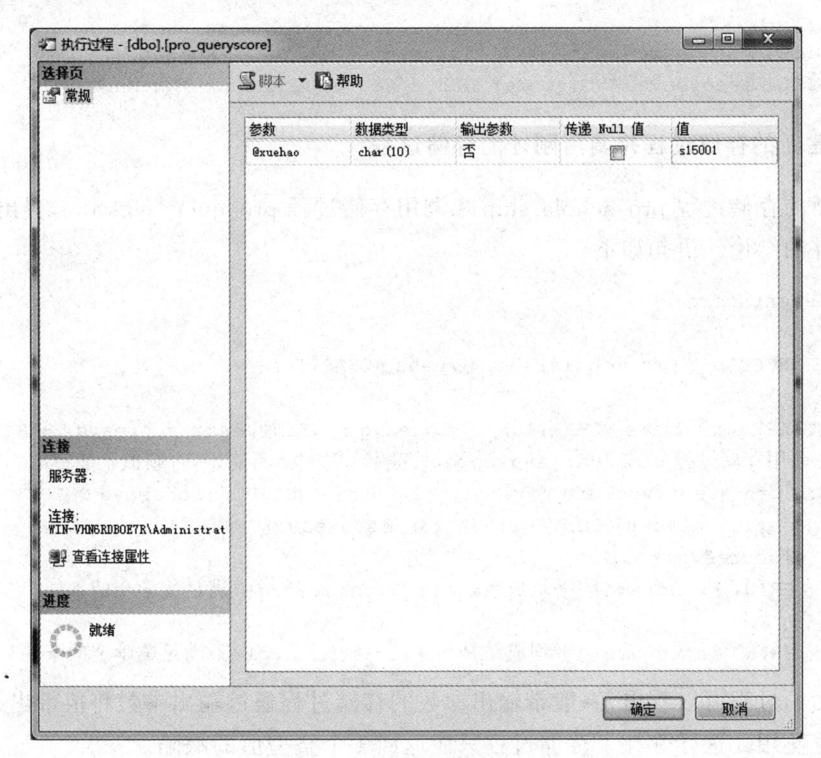

图 8-6　“执行过程”对话框

使用 T-SQL 执行存储过程，在查询窗口输入 EXEC pro_queryscore 's15001'，执行语句即可。为了简化操作，创建存储过程时，参数可以预设默认值，这样调用存储过程时就可以不用指定了。比如，上面的存储过程参数预设默认值的语句如下：

```
CREATE PROCEDURE pro_queryscore @xuehao CHAR(10)='s15001'。
```

任务 8-3　创建和执行带输出参数的存储过程

任务 8-3

提出任务

根据学号查询某个学生的平均成绩是否大于或等于 90 分，是否满足评奖学金的条件，使用存储过程完成。

实施任务

1. 先创建根据学号查询姓名和平均成绩的存储过程

语句如下:

```
USE studentscore
GO                    --创建带输出参数的存储过程
CREATE PROCEDURE pro_queryavgscore @xuehao CHAR(10),@studname NCHAR(10) OUTPUT,
    @scoreavg TINYINT OUTPUT
AS
    SELECT @studname=sname FROM t_student WHERE sno=@xuehao
    SELECT @scoreavg=AVG(score) FROM t_score WHERE sno=@xuehao
```

2. 创建新的存储过程并调用刚才的存储过程

创建新的存储过程 pro_scholarship 来调用存储过程 pro_queryavgscore,得出是否满足奖学金条件的结论。语句如下:

```
USE studentscore
GO
CREATE PROCEDURE pro_scholarship @xuehao CHAR(10)
AS
    DECLARE @studname NCHAR(10), @scoreavg TINYINT,@str_scoreavg CHAR(3)
    --调用存储过程 pro_queryavgscore,关键字 OUTPUT 不能少,否则值不能带出
    EXEC pro_queryavgscore @xuehao, @studname OUTPUT,@scoreavg OUTPUT
    SET @str_scoreavg= CONVERT(CHAR(3),@scoreavg)
    IF (@scoreavg>=90)
        PRINT @studname+'平均成绩是'+@str_scoreavg+'满足奖学金的条件'
    ELSE
        PRINT @studname+'平均成绩是'+@str_scoreavg+'不满足奖学金的条件'
```

从上面的过程可以看出,一般带输出参数的存储过程通过输出参数将值带出来,在调用它的程序里使用。这样弥补了存储过程只能返回 1 个整型值的缺陷。

最后执行存储过程 pro_scholarship,如 EXEC pro_scholarship 's15001',就可以看到结果。

任务 8-4　修改和删除存储过程

任务 8-4

提出任务

对于不满意的存储过程进行修改和删除等操作。

实施任务

1. 修改存储过程

使用 SSMS 和使用 T-SQL 修改存储过程基本上是一样的。

展开 studentscore 数据库的“可编程性”节点，可以找到要修改的存储过程，如 pro_studentscore，在其右键快捷菜单中选择“修改”命令，打开修改存储过程的窗口，如图 8-7 所示。

```
USE [studentscore]
GO
/****** Object:  StoredProcedure [dbo].
SET ANSI_NULLS ON
GO
SET QUOTED_IDENTIFIER ON
GO
ALTER PROCEDURE [dbo].[pro_studscore]
AS
SELECT t_score.sno,sname,cname,score
FROM t_course INNER JOIN t_score
ON t_course.cno = t_score.cno
INNER JOIN t_student
ON t_score.sno = t_student.sno
WHERE score<60
```

图 8-7　修改存储过程

对比原来创建存储过程的语句，就是原来的 CREATE PROCEDURE 改为了 ALTER PROCEDURE，其他都没有变化。所以，用户使用 T-SQL 修改存储过程，在新建查询窗口自己输入 ALTER PROCEDURE 和其他语句，基本上是一样的。

修改完成后，单击 SQL 编辑器工具栏中的“执行”按钮，或者按 F5 键执行，完成存储过程的修改。

2. 删除或重命名存储过程

使用 SSMS 删除或重命名存储过程非常方便，在要删除或重命名的存储过程的右键快捷菜单里就有相应的命令项。

使用 T-SQL 语言删除存储过程使用 DROP 语句，例如：

```
DROP PROCEDURE pro_studentscore
```

使用 T-SQL 语言重命名存储过程使用系统存储过程 SP_RENAME，例如：

```
SP_RENAME pro_studentscore, pro_failingrade
```

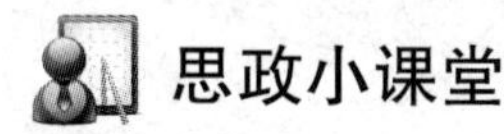

思政小课堂

工匠精神

存储过程就意味着编写 SQL 程序并调试。程序有长有短，有好有坏，一般情况下，存储过程比前面的程序要复杂，所以要用细心、严谨、精益求精的工匠精神，去反复琢磨、实验，尽量减少和避免程序中的 bug 和漏洞。

“工匠精神”本指手艺工人对产品精雕细琢、追求极致的理念，即对生产的每道工序及对产品的每个细节都精益求精，力求完美。

2016 年 3 月 5 日，李克强总理在《政府工作报告》中提到，鼓励企业开展个性化定制、柔性化生产，培育精益求精的“工匠精神”。“工匠精神”一词迅速流行开来，成为制造行业的热门词。随后，不仅制造行业，各行各业也都提倡“工匠精神”，于是，使用范围扩展，任何行业、任何人“精益求精，力求完美”的精神都可称“工匠精神”。

2016 年 12 月 14 日,语言文字规范类刊物《咬文嚼字》公布 2016 年十大流行语,“工匠精神”入选。

2021 年 9 月,党中央批准了中央宣传部梳理的第一批纳入中国共产党人精神谱系的伟大精神,“工匠精神”被纳入。

拓展训练

一、实践题

延续项目 7 的拓展训练实践题,完成下面的训练内容。

(1) 在教师授课数据库中创建存储过程,完成以下操作。

① 教务管理的老师查询所有授课教师的姓名、教授的课程名称、所属部门的名称和课时数。

② 授课教师根据自己的工号查询自己所教授的课程名称、课时数、课程性质和授课时段。

③ 根据工号查询某个授课教师的总的授课时数是否大于或等于 300,是否满足学校的要求。

④ 对存储过程进行修改或者删除等操作,仿照任务 8-4 完成。

(2) 在图书借还数据库中创建存储过程完成以下操作。

① 图书管理员查询所有借阅图书读者的姓名、借阅的图书名称、所属书库的名称和借阅天数。

② 读者根据自己的读者编号查询所借的图书名称、所属书库的名称、借书时间、还书时间和借阅天数。

③ 根据读者编号查询某个读者借阅图书的天数是否大于 90 及是否超期。

④ 对存储过程进行修改或者删除等操作,仿照任务 8-4 完成。

二、理论题

1. 单选题

(1) SQL Server 中声明变量的关键字是(　　)。

A. dim　　B. decimal　　C. declare　　D. dealcre

(2) (　　) 表示一个新的事务处理块的开始。

A. START TRANSACTION　　B. BEGIN TRANSACTION

C. BEGIN COMMIT　　D. START COMMIT

(3) 如果要回滚一个事务,则要使用(　　) 语句。

A. COMMIT TRANSACTION　　B. BEGIN TRANSACTION

C. REVOKE　　D. ROLLBACK TRANSACTION

(4) 用于将事务处理提交到数据库的命令是(　　)。

A. INSERT　　B. ROLLBACK　　C. COMMIT　　D. SAVEPOINT

(5) 可以用(　　)来声明游标。

A. CREATE CURSOR　　B. ALTER CURSOR

C. SET CURSOR　　D. DECLARE CURSOR

(6) 存储过程是一组预先定义并(　　)的 T-SQL 语句。

A. 保存　　B. 编写　　C. 编译　　D. 解释

(7) 下面数据库名称合法的是(　　)。

A. db1/student　　B. db1.student　　C. db1_student　　D. $db1&student

(8) 对同一存储过程连续两次执行命令 DROP PROCEDURE MYPROC IF EXISTS，将会(　　)。

A. 第一次执行删除存储过程，第二次产生一个错误

B. 第一次执行删除存储过程，第二次无提示

C. 存储过程不能被删除

D. 什么都不做

(9) 以下(　　)项不是事务的特性。

A. 完整性　　B. 持久性　　C. 原子性　　D. 一致性

2. 填空题

(1) 在 SQL Server 中，使用________语句创建存储过程。

(2) 在 SQL Server 中，使用________语句删除存储过程。

(3) 在 SQL Server 中，使用________语句执行存储过程。

(4) 在 SQL Server 中，使用________语句开始事务。

(5) 在 SQL Server 中，使用________语句结束事务。

(6) 在 SQL Server 中，使用________语句回滚事务。

3. 简答题

(1) 什么是存储过程？它有什么作用？

(2) 什么是事务？它有什么特点？

(3) 什么是游标？怎么使用游标？

项目 9　使用触发器实现数据完整性

约束和触发器都能够用来强制执行业务规则来实现数据完整性，相比于约束，触发器能够实现更复杂的操作。但是触发器是要通过编写存储过程来实现的，所以放在存储过程之后。

本项目涉及的知识点和任务如图 9-1 所示。

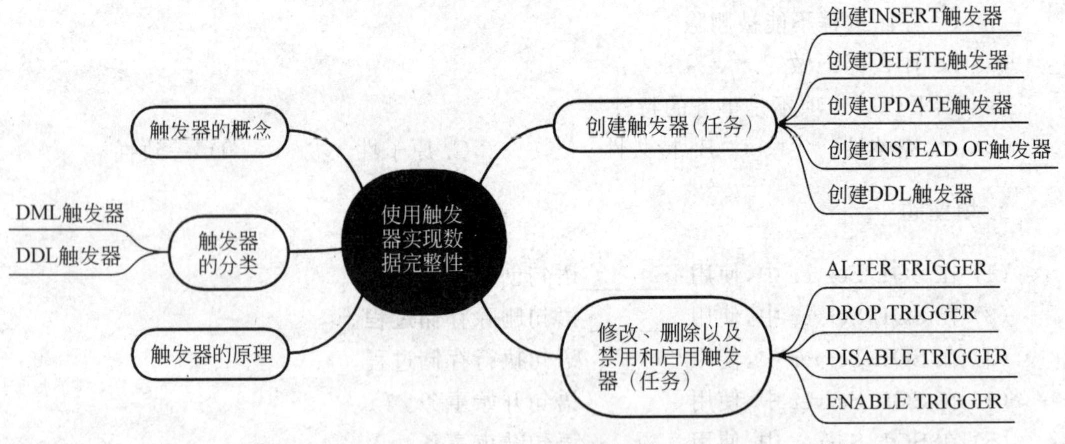

图 9-1　项目 9 思维导图

项目目标

- 理解触发器的概念和原理。
- 掌握触发器的创建和使用。
- 用科学精神，追本溯源，探索事物的本质和存在的意义。

9.1　知识准备

知识 9-1

1. 触发器的概念

触发器虽然是通过编写存储过程来实现，但是不需要调用来执行，而是通过事件进行触发而执行。触发器定义在表或视图上，当表或视图被数据定义语言（DDL）或者数据操作语言（DML）操作时，就会触发相应的触发器，实现触发器里编写的功能。

DDL 和 DML 已经在知识 2-3 中作为 SQL 的组成部分做了介绍。

2. 触发器的分类

按照触发事件的不同，触发器主要分为 DML 触发器和 DDL 触发器。

(1) DML 触发器。对表或者视图进行 DML 操作(INSERT、UPDATE 和 DELETE)而触发，根据触发的时机不同，分为 AFTER(和早期版本中的 FOR 相同)和 INSTEAD OF 两类。AFTER 是 DML 操作完成后触发，只能在表上定义；INSTEAD OF 是 DML 操作进行时触发，替代这些操作而执行其他一些操作。DML 触发器是学习的重点。

(2) DDL 触发器。当数据库中发生 DDL 操作(主要包括 CREATE、ALTER 和 DROP)后(只有 AFTER 类型)触发，可以用于数据库的管理工作，比如，审核以及规范数据库的操作。

3. 触发器的原理

DML 触发器按照数据操作行为，分为 INSERT 触发器、UPDATE 触发器和 DELETE 触发器，分别对应着插入、更新和删除 3 种操作行为而触发。

触发器有两个特殊的表 inserted 和 deleted，是驻留内存的临时表，由系统创建和管理，用户只能读取而不能修改。这两个表主要保存因操作而被影响到的原数据值和新数据值，所以表的结构和触发器所在的表相同。当触发器工作完成，这两个表也被删除。

触发器的原理如表 9-1 所示，进行 INSERT 操作时，新的数据行插入的同时，也被复制到 inserted 表。进行 DELETE 操作时，旧的数据行被删除的同时，也被移到 deleted 表。进行 UPDATE 操作相当于 DELETE 操作和 INSERT 操作的合并，先删除旧行，再插入新行，所以，更新的同时，旧的数据行被移到 deleted 表，新的数据行被复制到 inserted 表。

表 9-1　触发器的原理

操　作	触发器所在的表	inserted 表	deleted 表
INSERT	新行插入	新行同时被复制进来	—
DELETE	旧行删除	—	旧行同时被移进来
UPDATE	旧行改写	新行同时被复制进来	旧行同时被移进来

触发器工作时，检查 inserted 表或者 deleted 表中的数据，以确定是否应该执行触发器操作，或者如何执行。如果数据的更新(INSERT、UPDATE 和 DELETE)违反完整性的要求，可以通过回滚取消更新。

9.2　任务划分

任务 9-1　创建触发器

任务 9-1(1)

提出任务

分别创建 DML 的 INSERT 触发器、DELETE 触发器、UPDATE 触发器、INSTEAD OF 触发器和 DDL 触发器。

实施任务

1. 创建 INSERT 触发器

在 t_score 表中插入行时,检查该行的学号是否存在于 t_student 表,课程编号是否存在于 t_course 表,若有一项为否,则不允许插入。

使用 SSMS 和使用 T-SQL 创建触发器基本上是一样的。

DML 触发器是表的下一级对象。展开 t_score 表节点,可以找到"触发器",在其右键快捷菜单中选择"新建触发器"命令,打开新建触发器的模板,就是一个查询窗口,如图 9-2 所示。

```
CREATE TRIGGER <Schema_Name, sysname, Schema_Name>.<Trigger_Name, sysname, Trigger_Name>
   ON  <Schema_Name, sysname, Schema_Name>.<Table_Name, sysname, Table_Name>
   AFTER <Data_Modification_Statements, , INSERT,DELETE,UPDATE>
AS
BEGIN
   -- SET NOCOUNT ON added to prevent extra result sets from
   -- interfering with SELECT statements.
   SET NOCOUNT ON;

   -- Insert statements for trigger here

END
GO
```

图 9-2 创建触发器

CREATE TRIGGER 表示创建触发器,后面由用户定义触发器的名称,ON 之后是触发器所在的表或视图。AFTER 表示触发的时机,AFTER 触发器只能定义在表上。之后的 INSERT、UPDATE 和 DELETE 是触发的数据操作行为,默认 3 种操作都触发。AS 之后就是触发器要编写的具体内容。所以,用户使用 T-SQL 创建触发器,在新建查询窗口自己输入 CREATE TRIGGER,效果基本上是一样的。语句如下:

```
USE studentscore
GO          --GO 不能省略,CREATE TRIGGER 必须是批处理中仅有的语句
CREATE TRIGGER tri_checksnocno ON t_score AFTER INSERT
AS                    --按照要求创建 t_score 表上的 INSERT 触发器
    IF EXISTS(SELECT * FROM inserted WHERE sno NOT IN
            (SELECT sno FROM t_student) OR cno NOT IN (SELECT cno FROM t_course))
        BEGIN
            PRINT '不存在学号或者课程编号,不能插入!'
            ROLLBACK TRAN         --撤销插入操作
        END
```

以上语句成功执行后,刷新对象资源管理器,在 t_score 表的"触发器"节点里可以看到新建的触发器。

在 t_score 表中插入学号或者课程编号不存在的一行,发现不能插入,原因是违反主外键的约束,说明约束在触发器之前起作用。删除 t_score 表的 2 个外键约束,分别手工插入和使用 T-SQL 插入一行可以触发触发器的数据,可以看到触发器被触发的提示,如图 9-3

所示。左边是手工插入时触发器的提示，右边是使用 T-SQL 插入时触发器的提示。

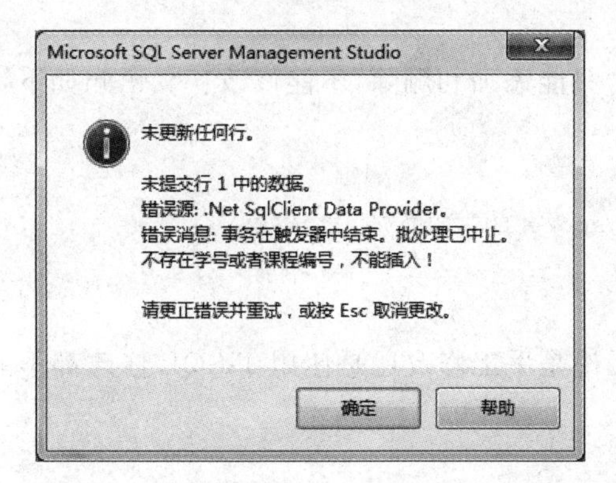

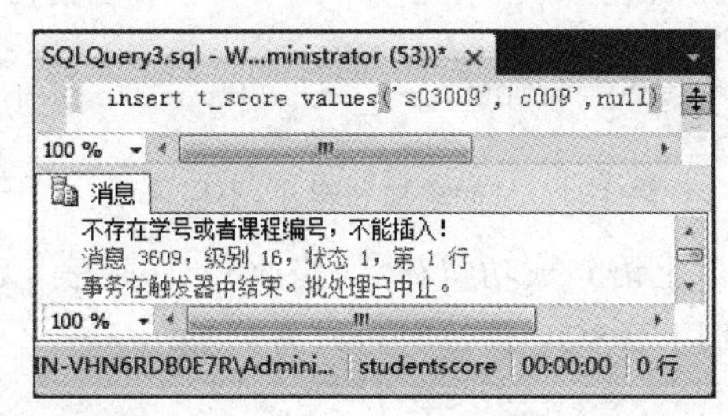

图 9-3　触发器被触发的提示

2. 创建 DELETE 触发器

删除 t_student 表的一行(一个学生)时，相应地删除 t_score 表中该学生学号对应的所有成绩行。语句如下：

```
USE studentscore
GO
CREATE TRIGGER tri_deletestud ON t_student AFTER DELETE
AS                              --按照要求创建 t_student 表上的 DELETE 触发器
    DELETE FROM t_score WHERE sno=(SELECT sno FROM deleted)
```

以上语句成功执行后，删除 t_student 表的一行后，再刷新 t_score 表，会发现该学生学号对应的所有成绩行也被删除，这样就实现了级联删除操作。

用同样的方法可以创建 t_course 表上的 DELETE 触发器，当删除 t_course 表的一行(一门课程)时，相应地删除 t_score 表中该课程编号对应的所有成绩行。

3. 创建 UPDATE 触发器

任务 9-1(2)

修改 t_student 表的学号时，t_score 表中对应的学号随之修改。语句如下：

```
USE studentscore
GO
CREATE TRIGGER tri_updatesno ON t_student AFTER UPDATE
AS
    IF EXISTS(SELECT sno FROM deleted)
        UPDATE t_score SET sno=(SELECT sno FROM inserted)
            WHERE sno=(SELECT sno FROM deleted)
```

以上语句成功执行后，修改 t_student 表的学号时，刷新 t_score 表，对应的学号也被修改，这样就实现了级联更新操作。

用同样的方法可以创建 t_course 表上的 UPDATE 触发器，修改 t_course 表的课程编号时，t_score 表中对应的课程编号也被修改。

4. 创建 INSTEAD OF 触发器

不能修改 t_score 表的数据，修改时提示“只能添加和删除，不能修改!”。语句如下：

```
USE studentscore
GO
CREATE TRIGGER tri_noupdatescore ON t_score INSTEAD OF UPDATE
AS
    PRINT '只能添加和删除,不能修改!'
```

以上语句成功执行后，修改 t_score 表，无论是手工修改还是使用 T-SQL 修改都不能完成，使用 T-SQL 修改时可以看到提示。

5. 创建 DDL 触发器

使用触发器禁止删除数据库里的表，删除时给出提示。语句如下：

```
USE studentscore
GO
CREATE TRIGGER tri_nodroptable ON DATABASE AFTER drop_table
AS
    PRINT '禁止删除数据库里的表!'
    ROLLBACK                    --撤销删除
```

以上语句成功执行后，无论是手工删除还是使用 T-SQL 删除都不能完成，使用 T-SQL 删除时可以看到提示。

DDL 触发器是数据库的下一级对象，展开 studentscore 数据库的“可编程性”节点，在数据库触发器里可以将其找到。

任务 9-2 修改、删除以及禁用、启用触发器

任务 9-2

提出任务

对触发器进行修改、删除以及禁用、启用的管理。

实施任务

1. 修改触发器

使用 SSMS 和使用 T-SQL 修改触发器基本上是一样的。

展开 t_score 表的“触发器”节点，可以找到要修改的触发器，如 tri_checksnocno，在其右键快捷菜单中选择“修改”命令，打开修改触发器的窗口，也就是一个查询窗口，如图 9-4 所示。

对比原来创建触发器的语句，就是把 CREATE TRIGGER 改为了 ALTER TRIGGER，其他都没有变化。所以，用户使用 T-SQL 修改触发器，在新建查询窗口中自己输入 ALTER TRIGGER 和其他语句，效果基本上是一样的。

修改完成后，单击 SQL 编辑器工具栏中的“执行”按钮，或者按 F5 键执行代码，完成触

```
ALTER TRIGGER [dbo].[tri_checksnocno] ON [dbo].[t_score] AFTER INSERT
AS
IF EXISTS(SELECT * FROM inserted WHERE sno NOT IN (SELECT sno FROM t_student)
                              OR cno NOT IN (SELECT cno FROM t_course))
    BEGIN
        PRINT '不存在学号或者课程编号，不能插入！'
        ROLLback TRAN
    END
```

图 9-4　修改触发器

发器的修改。

建议读者将 tri_checksnocno 触发器改为 INSERT 和 UPDATE 触发器，配合 t_student 表、t_course 表上的 DELETE 触发器和 UPDATE 触发器，就能够实现原来 3 个表之间主外键关系所约束的效果。

2. 删除触发器

使用 SSMS 删除触发器非常方便，在要删除的触发器的右键快捷菜单里就有相应的命令项。

使用 T-SQL 删除触发器使用 DROP 语句，如 DROP TRIGGER tri_checksnocno。

3. 禁用和启用触发器

使用 SSMS 禁用或者启用触发器非常方便，在触发器的右键快捷菜单里就有相应的命令项。

使用 T-SQL 禁用或者启用 DML 触发器使用 DISABLE TRIGGER 和 ENABLE TRIGGER 语句。

例如：

```
DISABLE TRIGGER tri_checksnocno ON t_score
```

或者

```
ENABLE TRIGGER tri_checksnocno ON t_score
```

使用 T-SQL 禁用 DDL 触发器：

```
DISABLE TRIGGER tri_nodroptable ON DATABASE
```

使用 T-SQL 启用 DDL 触发器：

```
ENABLE TRIGGER tri_nodroptable ON DATABASE
```

思政小课堂

科学精神

对数据库而言，保证数据的准确、合理是最基本、最重要的要求，否则一切就是像建在沙滩上的高楼，一触即溃。如果数据库中的数据不能保证完整性，数据库上的一切操作都将失去意义。我们要用科学精神，追本溯源，探索事物的本质和存在的意义。

科学精神是指科学实现其社会文化职能的重要形式。科学文化的主要内容之一，包括自然科学发展所形成的优良传统、认知方式、行为规范和价值取向。集中表现在：主张科学认识来源于实践,实践是检验科学认识真理性的标准和认识发展的动力;重视以定性分析和定量分析作为科学认识的一种方法;倡导科学无国界,科学是不断发展的开放体系,不承认终极真理;主张科学的自由探索,在真理面前一律平等,对不同意见采取宽容态度,不迷信权威;提倡怀疑、批判、不断创新进取的精神。

拓展训练

一、实践题

延续项目8的拓展训练实践题,完成下面的训练内容。

(1) 在教师授课数据库中删除项目4拓展训练实践题1所创建的3个表之间的主外键关系,创建触发器并实现以下功能。

① 在授课表中插入行时,检查该行的工号是否存在于教师表,课程编号是否存在于课程表,若有一项为否,则不允许插入。

② 删除教师表的一行(一个教师)时,相应地删除授课表中该教师工号对应的所有授课信息。

删除课程表的一行(一门课程)时,相应地删除授课表中该课程编号对应的所有授课信息。

③ 修改教师表的工号时,授课表中对应的工号随之修改。

修改课程表的课程编号时,授课表中对应的课程编号随之修改。

④ 不能修改授课表的数据,修改时提示“只能添加和删除,不能修改!”。

⑤ 禁止删除教师授课数据库里的表,删除时给出提示。

(2) 在图书借还数据库中删除项目4拓展训练实践题2所创建的3个表之间的主外键关系,创建触发器并实现以下功能。

① 在借还表中插入行时,检查该行的读者编号是否存在于读者表,图书编号是否存在于图书表,若有一项为否,则不允许插入。

② 删除读者表的一行(一个读者)时,相应地删除借还表中该读者编号对应的所有借阅图书信息。

删除图书表的一行(一本图书)时,相应地删除借还表中该图书编号对应的所有借阅信息。

③ 修改读者表的读者编号时,借还表中对应的读者编号随之修改。

修改图书表的图书编号时,借还表中对应的图书编号随之修改。

④ 不能修改借还表的数据,修改时提示“只能添加和删除,不能修改!”。

⑤ 禁止删除图书借还数据库里的表,删除时给出提示。

二、理论题

1. 单选题

(1) 触发器不是响应(　　)语句而自动执行的SQL语句。

A. SELECT　　B. INSERT　　C. DELETE　　D. UPDATE

(2) 触发器的主要作用是(　　)。

A. 提高数据的查询效率　　B. 加强数据的保密性

C. 增强数据的安全性　　D. 强化数据的完整性

(3) SQL Server 支持的触发器不包括(　　)。

A. INSERT 触发器　　B. UPDATE 触发器

C. CHECK 触发器　　D. DELETE 触发器

(4) SQL Server 为 DML 触发器创建两个虚拟表是(　　)。

A. inserted 和 deleted　　B. new 和 old

C. insert 和 delete　　D. inserting 和 deleting

2. 填空题

(1) 在 SQL Server 中,与数据操作有关的触发器有________、________和________三种。

(2) 在 SQL Server 中,使用________语句创建触发器。

(3) 在 SQL Server 中,使用________语句修改触发器。

(4) 在 SQL Server 中,使用________语句删除触发器。

(5) 在 SQL Server 中,使用________语句禁用触发器。

(6) 在 SQL Server 中,使用________语句启用触发器。

3. 简答题

(1) 什么是触发器? 它是怎么分类的?

(2) 触发器的原理是什么?

(3) 事务与触发器的区别是什么?

项目 10　SQL Server 安全性管理

数据库管理员能够访问数据库，授权用户也能够访问，非授权用户不能访问。即使是授权用户，也只能在权限范围以内访问。比如，学生只能查询成绩而不能插入、修改和删除成绩；教师可以插入、修改、查询成绩，但不能修改表的结构等。这样就能够保证数据库不被破坏和非法使用。

本项目涉及的知识点和任务如图 10-1 所示。

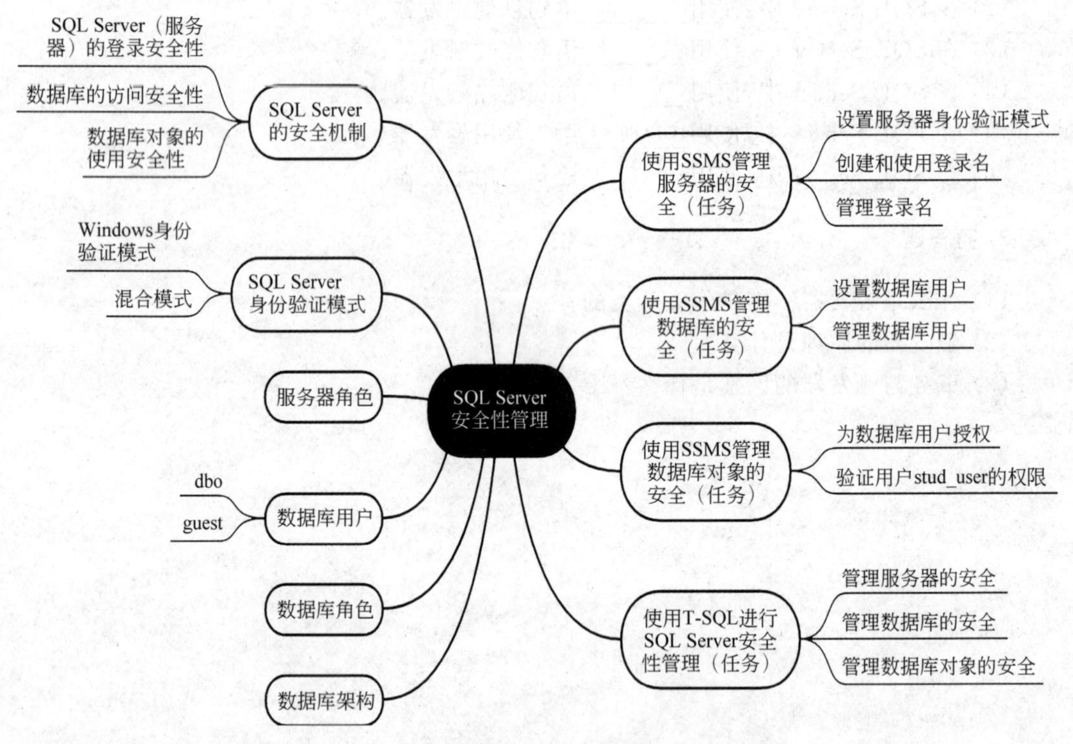

图 10-1　项目 10 思维导图

项目目标

- 理解 SQL Server 安全性管理的概念。
- 掌握服务器安全管理、数据库安全管理、数据库对象安全管理的方法。
- 增强数据安全意识，防止有价值信息的泄露。

10.1 知 识 准 备

知识 10-1

1. SQL Server 的安全机制

SQL Server 的安全机制分为以下 3 个等级。

(1) SQL Server(服务器)的登录安全性。

(2) 数据库的访问安全性。

(3) 数据库对象的使用安全性。

3 个安全等级可比喻为大楼、大楼的房间和房间里的柜子。用户通过 SQL Server 的登录安全性进入大楼,通过数据库的访问安全性进入房间,通过数据库对象的使用安全性打开柜子。

登录 SQL Server 有两种方式: Windows 身份验证和 SQL Server 身份验证。无论哪一种,都要提供正确的用户名和密码。用户登录 SQL Server(进入大楼)后,要访问数据库(进入房间),还需要数据库的用户账号。用户使用数据库用户账号进入数据库(进入房间)后,然后访问数据库架构(数据库对象的命名空间)内的数据库对象(打开柜子)。

2. SQL Server 身份验证模式

SQL Server 有两种身份验证模式。

(1) Windows 身份验证模式。通过 Windows 用户连接 SQL Server 服务器,Windows 的用户或用户组被映射到 SQL Server 登录账户。只要登录 Windows,不用输入用户名、密码就能访问 SQL Server,这样既简化了操作,又利用了 Windows 的安全性能和用户管理功能。

(2) 混合模式(SQL Server 身份验证和 Windows 身份验证)。允许用户使用 SQL Server 身份验证或 Windows 身份验证进行连接,非 Windows 系统环境的用户、Internet 用户或者混杂的工作组访问 SQL Server 时,应该使用混合模式。SQL Server 身份验证应该提交一个独立于 Windows 用户名的 SQL Server 登录名和密码。

登录名 sa(看作系统管理员的登录名)是 SQL Server 默认的,为了系统兼容而保留,拥有 SQL Server 系统的所有权限,不能被删除。在采用混合模式安装 Microsoft SQL Server 之后,应该为 sa 指定密码。

3. 服务器角色

根据 SQL Server 的管理任务以及这些任务相对的重要等级,把具有 SQL Server 管理职能的用户(登录名)划分为不同的组,并预定义每一组的管理权限,这些组就是服务器角色。服务器角色适用于服务器范围内,是固定的,其权限不能被修改,如表 10-1 所示。

4. 数据库用户

数据库用户有权限操作数据库,SQL Server 有两个默认的用户: dbo(database owner)

和 guest。dbo 用户不能删除,创建数据库的用户和系统管理员都是 dbo 用户;guest 用户是可以被禁用的。

表 10-1　服务器角色及其描述

服务器角色	描　述
sysadmin	系统管理员,可以在 SQL Server 中做任何事情。默认情况下,Windows BUILTIN\Administrators 组的所有成员都是 sysadmin 服务器角色的成员
serveradmin	可以更改服务器范围内的配置选项和关闭服务器
setupadmin	增加、删除连接服务器,进行数据库的复制操作,管理扩展的存储过程
securityadmin	管理和审核登录用户
processadmin	管理在 SQL Server 实例中运行的进程
dbcreator	可以创建、更改、删除和还原任何数据库
diskadmin	管理磁盘文件
bulkadmin	管理大容量数据的插入操作(BULK INSERT)
public	在服务器上创建的每个登录名都是 public 服务器角色的成员,只拥有 VIEW ANY DATABASE 权限

SQL Server 的登录名只是让用户可以登录 SQL Server 实例,而要访问此实例中的某一数据库,则需要在此数据库中具有对应的用户。"用户映射"可以将登录名映射为数据库的用户。

5. 数据库角色

数据库的用户按分配权限的不同分成不同的组,这种组就是数据库角色。数据库角色有系统预定义的固定角色,不能添加、修改和删除,也允许用户自己定义数据库角色。固定数据库角色如表 10-2 所示。

表 10-2　固定数据库角色及其描述

固定数据库角色	描　述
db_owner	进行所有数据库角色的活动,以及数据库中的其他维护和配置活动。db_owner 角色的权限跨越所有其他固定数据库角色
db_accessadmin	允许在数据库中添加或删除用户、组以及角色
db_datareader	有权查看来自数据库中所有用户表的全部数据
db_datawriter	有权添加、更改或删除来自数据库中所有用户表的数据
db_ddladmin	有权添加、修改或除去数据库中的对象(运行所有 DDL)
db_securityadmin	管理数据库角色和角色成员,并管理数据库中的对象和语句权限
db_backupoperator	有备份数据库的权限
db_denydatareader	无权查看来自数据库中所有用户表的全部数据
db_denydatawriter	无权添加、更改或删除来自数据库中所有用户表的数据
public	维护所有默认权限,每个数据库中用户都默认属于该角色,不能删除

6. 数据库架构

数据库架构是一个独立于数据库用户的非重复命名空间，可以将架构视为对象的容器。命名空间名其实就是文件夹名。一个对象只能属于一个架构，就像一个文件只能存放于一个文件夹中一样。与文件夹不同的是，架构是不能嵌套的。所以，架构弥补了数据库中众多繁杂的对象难以区分的缺陷。

数据库角色拥有对应的数据库架构，数据库用户可以通过角色直接拥有架构。数据库用户有默认架构，写 SQL 语句可以直接以“对象名”访问，非默认架构则要以“架构名.对象名”访问。所以，在自动生成的数据库对象的脚本中，对象名称前面的 dbo 就是默认的数据库架构。

提示：下面进行概念的总结。

登录名是用来登录服务器的，服务器角色就是登录用户对服务器具有的权限。权限有大小，所以角色有多个，一个角色可以有多个登录名。当登录名被映射为数据库用户以后，就可以访问数据库了。同样地，不同的数据库用户权限不同，从而构成数据库的角色。数据库角色对应的数据库构架里包含着数据库对象。

登录名映射为数据库用户的名称可以相同也可以不同。服务器角色 sysadmin 的任何成员（比如 sa）都映射到每个数据库的 dbo 用户上。由服务器角色 sysadmin 的任何成员创建的任何对象都自动属于 dbo，不是服务器角色 sysadmin 成员的登录名（包括固定数据库角色 db_owner 成员）创建的对象属于创建该对象的用户，而不属于 dbo，用创建该对象的用户名限定。

10.2　任务划分

任务 10-1

任务 10-1　使用 SSMS 管理服务器的安全

提出任务

使用 SSMS 设置身份验证模式，创建和管理登录名。具体任务是为学生用户创建登录名 stud_login（进入大楼），并管理此登录名。

实施任务

1. 设置服务器身份验证模式

在对象资源管理器中已经连接的数据库引擎的右键快捷菜单里选择“属性”命令，打开“服务器属性”对话框，并在“选择页”列表框中选择“安全性”选择页。

在“服务器身份验证”区域选择身份验证模式。如果更改原有的配置，单击“确定”按钮以后，会提示重新启动 SQL Server 后更改才能生效。

如果原来是“Windows 身份验证模式”，这里更改为“SQL Server 和 Windows 身份验证模式”。

2. 创建和使用登录名

(1) 新建登录名。在对象资源管理器中展开已经连接的数据库引擎的“安全性”节点，在其下级节点“登录名”的右键快捷菜单里选择“新建登录名”命令，打开“登录名 - 新建”对话框，如图 10-2 所示。

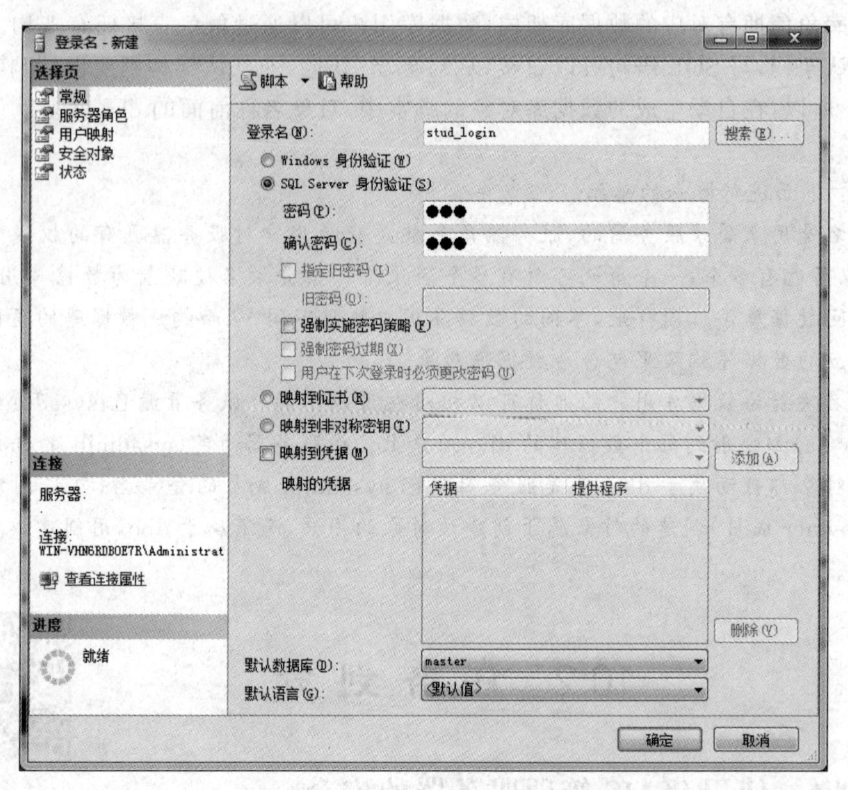

图 10-2 “登录名 - 新建”对话框

选择“SQL Server 身份验证”选项，输入登录名 stud_login 和密码。这里为了演示的方便，取消选中“强制实施密码策略”复选框，在实际应用中则不应该这样操作。

单击“确定”按钮之后，就创建好了登录名，在对象资源管理器的“登录名”节点里可以看到。

如果选择“Windows 身份验证”选项，右上角的“搜索”按钮就会被激活，单击该按钮可以搜索 Windows 的用户或用户组，对应当前的登录名。同时，不需要输入密码和应用强制密码策略，由 Windows 管理用户和密码。

(2) 使用新建的登录名登录。在对象资源管理器的工具栏中单击“连接”按钮，在其下拉列表中选择“数据库引擎”，弹出“连接到服务器”对话框，如图 10-3 所示。“身份验证”选项中选择“SQL Server 身份验证”，“登录名”文本框中输入新建的 stud_login，再输入密码，单击“连接”按钮，连接数据库。连接后，对象资源管理器里可以看到如图 10-4 所示的两个数据库引擎。上面一个是 Windows 身份验证，登录名是“计算机名\Administrator”；下面一个是 SQL Server 身份验证，登录名是 stud_login。

图 10-3　“连接到服务器”对话框

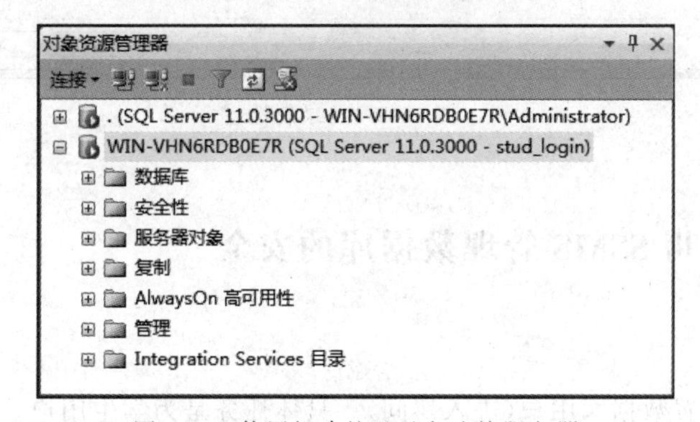

图 10-4　使用新建的登录名连接服务器

如果使用新建的 Windows 身份验证的登录名登录，则需要登录名对应的 Windows 用户是操作系统的当前用户才可以，否则注销操作系统，切换到登录名对应的 Windows 用户。

3. 管理登录名

(1) 查看和修改登录属性。断开 stud_login 连接的服务器，在原来的服务器中查看登录名 stud_login 的属性。在“常规”选择页里可以更改密码及选择“强制实施密码策略”复选框等操作。在“服务器角色”选择页里可以选择某一种服务器角色，使当前登录名具有所选择的服务器角色所拥有的权限。登录名 stud_login 已经默认属于服务器角色 public，其权限如表 10-1 所示。在“状态”选择页里可以设置“是否允许连接到数据库引擎”，以及登录的启用和禁用等操作，如图 10-5 所示。

(2) 删除登录名。在要删除的登录名的右键快捷菜单中选择“删除”命令，弹出“删除对象”对话框，如果此登录名还没有登录过数据库服务器，单击“确定”按钮后就可以删除；如果登录名已经映射为数据库用户，则应该先删除此用户。

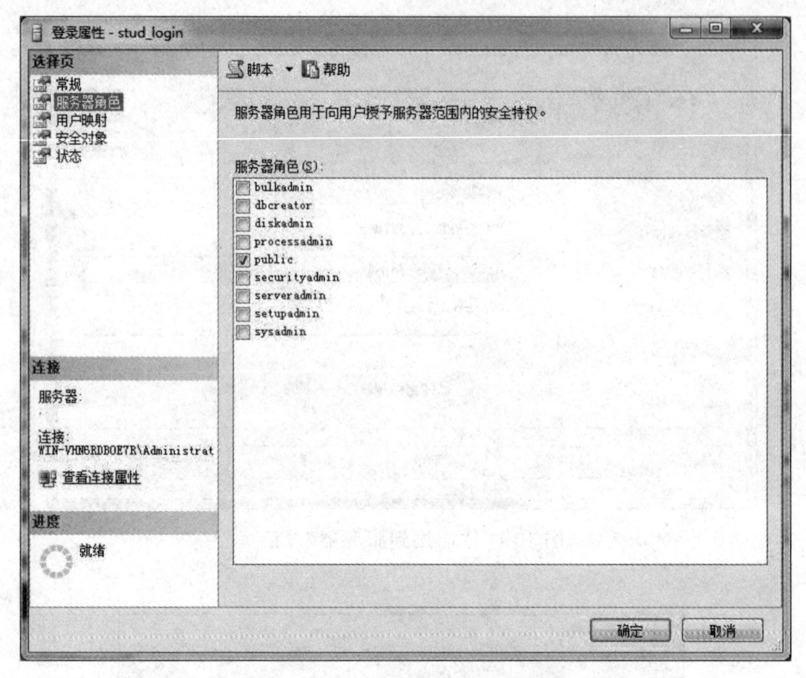

图 10-5　登录属性

任务 10-2　使用 SSMS 管理数据库的安全

任务 10-2

提出任务

使用 SSMS 设置数据库用户(进入房间)。具体任务是为学生用户 stud_login 设置 studentscore 数据库用户,并管理此数据库的用户。

实施任务

1. 设置数据库用户

使用登录名 stud_login 登录数据库服务器后是不能打开数据库 studentscore 的。在对象资源管理器的一个数据库引擎中展开“数据库”节点,再展开 studentscore 节点时,会弹出出错提示,如图 10-6 所示。应该为学生用户 stud_login 设置 studentscore 数据库用户才可以。

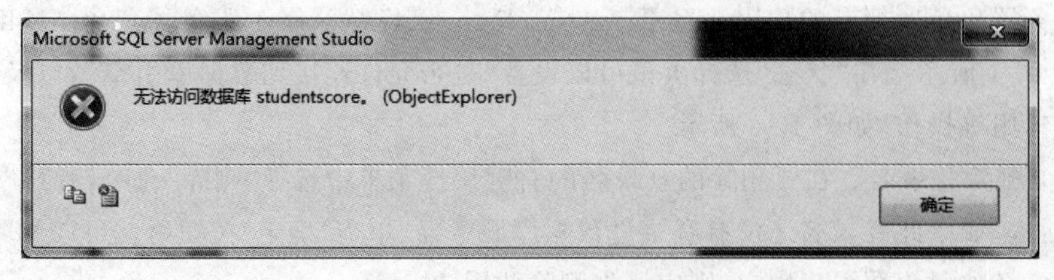

图 10-6　无法访问数据库

设置 SQL Server 登录名映射为数据库的用户，选择任务 10-1 中创建的登录名 stud_login，在其“登录属性”对话框中单击“用户映射”选择页，在“映射到此登录名的用户”列表框中选择 studentscore 数据库，在数据库名称后面的用户列会出现和登录名相同的用户名称，如图 10-7 所示。可以修改此名称，这里改为 stud_user，表示和登录名区分开。可以在默认架构列里单击“扩展”按钮选择架构，在此不做选择，单击“确定”按钮之后，完成设置。

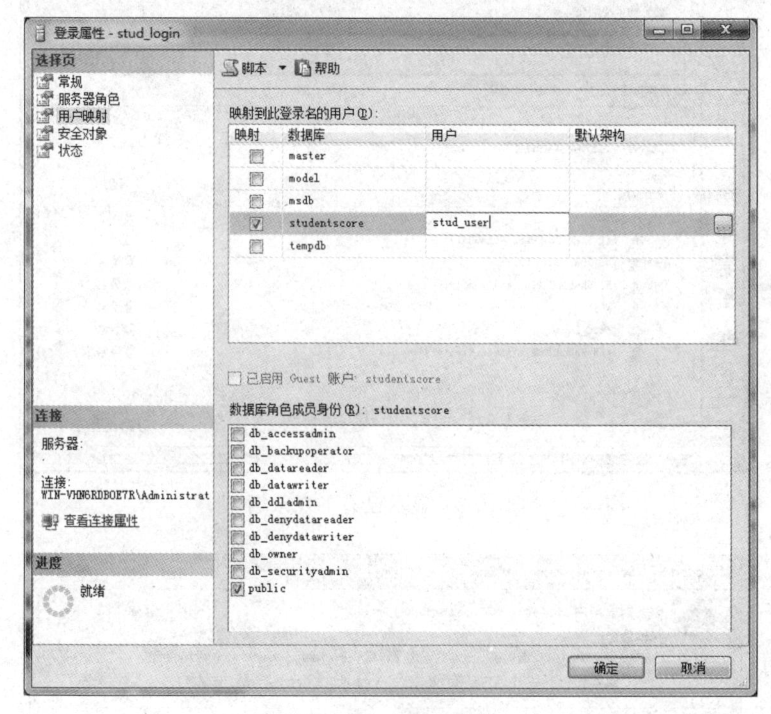

图 10-7　用户映射

设置完数据库用户 stud_user 之后，可以在 studentscore 数据库的安全性用户节点里看到此用户。

也可以在数据库的安全性用户节点里新建用户，在“数据库用户-新建”对话框中必须选择登录名。这里新建 studentscore 数据库用户 a1，单击登录名后面的按钮，打开“选择登录名”对话框，再单击“浏览”按钮(图中遮挡了)，打开“查找对象”对话框，可以看到当前数据库引擎已有的登录名，如图 10-8 所示。

如果选择 stud_login 登录名，3 次单击“确定”按钮之后，会看到如图 10-9 所示的出错信息。

一个登录名可以被授权访问多个数据库，但一个登录名在每个数据库中只能映射一次，即一个登录可以对应多个用户，一个用户也可以被多个登录使用。假设 SQL Server 大楼里面的每个房间都是一个数据库，登录名只是进入大楼的钥匙，而用户名则是进入房间的钥匙，一个登录名可以有多个房间的钥匙，但一个登录名在一个房间只能有一把钥匙。

2. 管理数据库用户

(1) 查看和修改数据库用户的属性。找到设置的数据库用户 stud_user，双击，就可以

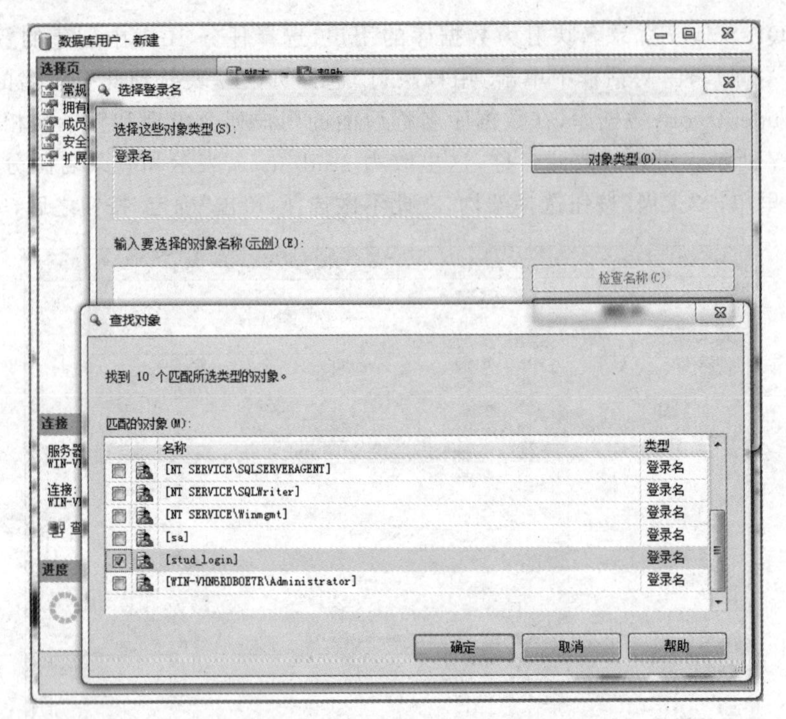

图 10-8　显示已有的登录名

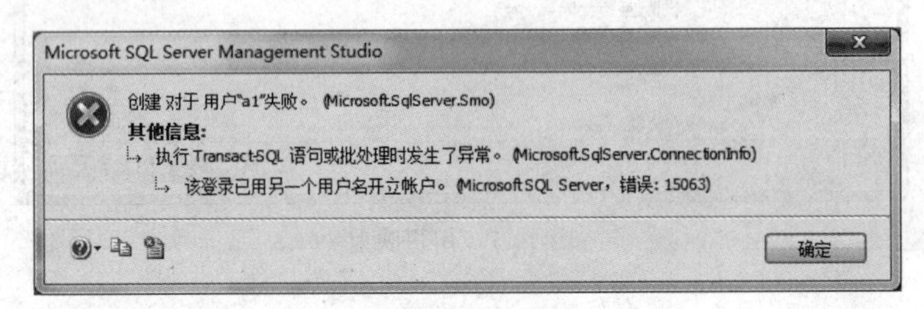

图 10-9　创建数据库用户失败

打开其属性对话框,能够查看和修改属性。例如,数据库用户 stud_user 的“成员身份”选择页里,可以选择某个数据库的角色成员,使 stud_user 用户具有角色所拥有的权限;也可以在 studentscore 数据库的“角色”节点里,将 stud_user 用户添加到新建角色或者已有角色里,同样使 stud_user 用户具有某种角色所拥有的权限。

(2) 删除数据库用户。如果不需要某个数据库用户时,在其右键快捷菜单中选择“删除”命令,弹出“删除对象”对话框,单击“确定”按钮后就可以将该用户删除。

任务 10-3　使用 SSMS 管理数据库对象的安全

任务 10-3

提出任务

使用 SSMS 管理数据库对象的安全(打开柜子)。具体任务是使学生用户 stud_login 能够查询 t_student、t_course、t_score 表的数据,而没有插入数据和修改数据等其他权限。

实施任务

1. 为数据库用户授权

学生用户 stud_login 虽然能够访问数据库 studentscore，但在数据库里却没有任何权限，用户表和视图都不能看到，如图 10-10 所示。

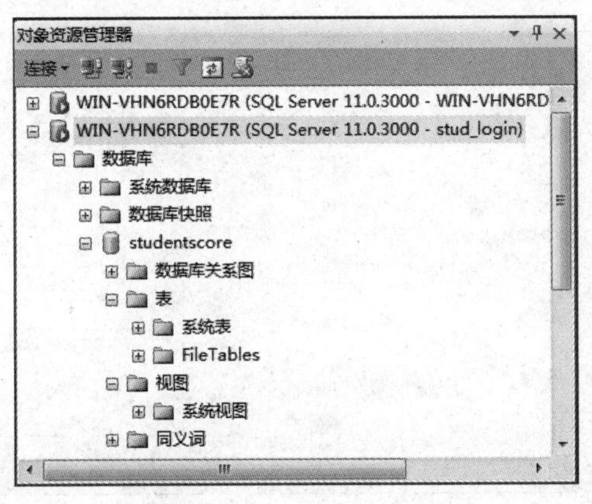

图 10-10　学生用户 stud_login 没有访问数据库对象的权限

断开图 10-10 中下面的数据库引擎连接，为这个用户所映射的数据库用户 stud_user 设置权限。因为上面的连接是 dbo 用户，属于 db_owner 数据库角色，拥有对数据库的所有权限。已经断开的连接里面，stud_user 是无权为自己设置权限的。

双击 studentscore 数据库用户 stud_user，打开属性对话框，在左上角列表框中单击“安全对象”选择页，然后单击右上角的“搜索”按钮并添加对象，如图 10-11 所示。

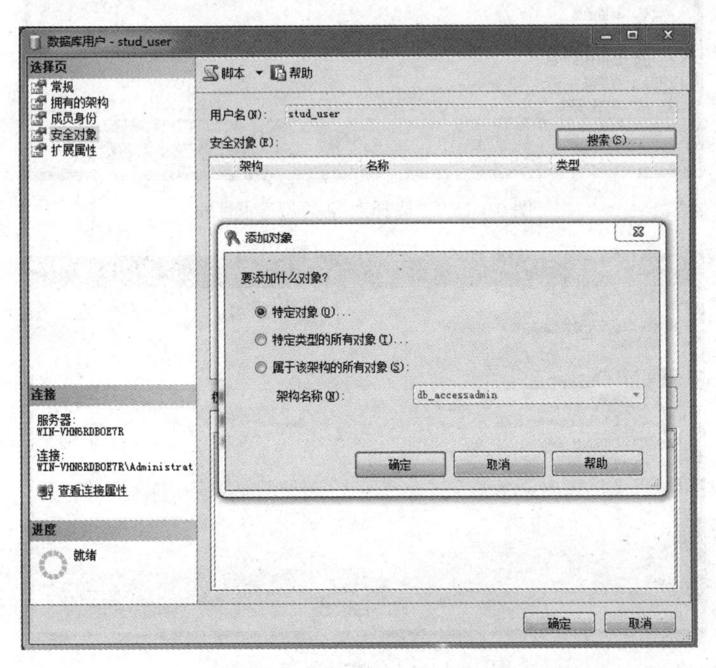

图 10-11　添加安全对象

因为表属于“特定对象”,保持原有的选择不变,单击“确定”按钮后,打开“选择对象”对话框,如图 10-12 所示。单击“对象类型”按钮,打开“选择对象类型”对话框,如图 10-13 所示。勾选“表”,单击“确定”按钮之后,回到图 10-12 所示的“选择对象”对话框,这时“浏览”按钮被激活,单击“浏览”按钮,打开“查找对象”对话框,如图 10-14 所示。勾选要选择的 t_student、t_course、t_score 表,单击两次“确定”按钮之后,在属性对话框就可以授予权限了,如图 10-15 所示。

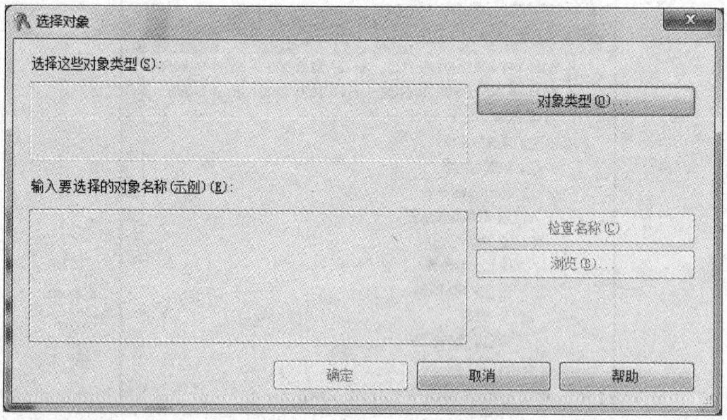

选择对象
选择这些对象类型(S):
对象类型(O)...
输入要选择的对象名称(示例)(E):
检查名称(C)
浏览(B)...
确定
取消
帮助

图 10-12 “选择对象”对话框

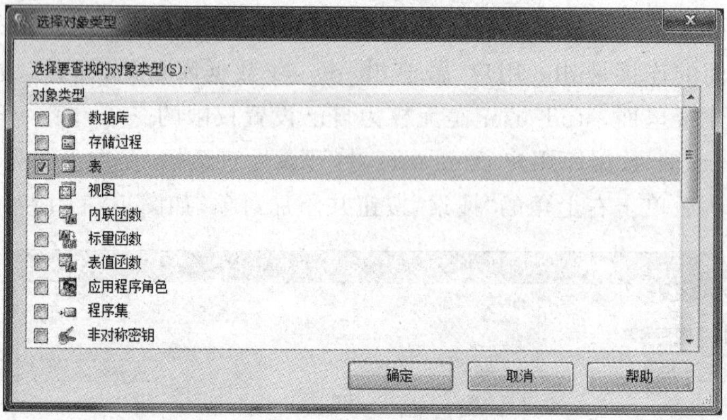

选择对象类型
选择要查找的对象类型(S):
对象类型
数据库
存储过程
表
视图
内联函数
标量函数
表值函数
应用程序角色
程序集
非对称密钥
确定
取消
帮助

图 10-13 “选择对象类型”对话框

查找对象
找到 4 个匹配所选类型的对象。
匹配的对象(M):
名称
类型
[dbo].[sysdiagrams]
表
[dbo].[t_course]
表
[dbo].[t_score]
表
[dbo].[t_student]
表
确定
取消
帮助

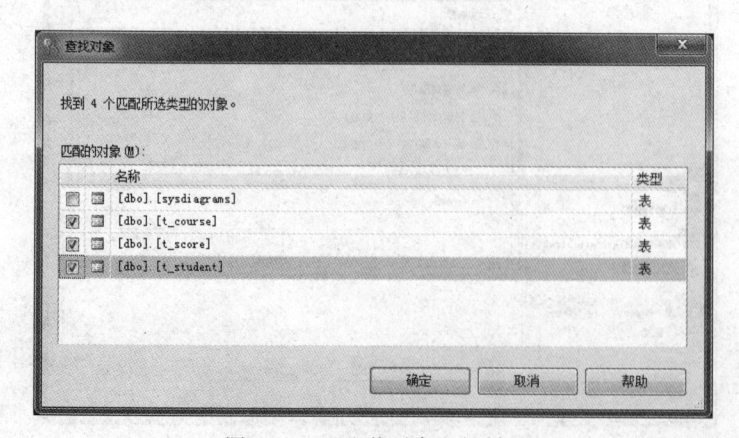

图 10-14 “查找对象”对话框

在“安全对象”列表里逐一选择表，在下面的授权列表里“选择”行勾选“授予”权，最后单击“确定”按钮完成授权。

也可以在表的属性对话框中单击“权限”选择页，给用户 stud_user 授予选择权。这样就是站在表的角度给不同的用户授权，前面的操作是站在用户的角度给不同的表或者其他数据库对象授权，结果是一样的。

在图 10-15 中，给 t_student 表授予选择权，这时候，“列权限”按钮被激活，单击此按钮，可以在“列权限”对话框中继续管理权限到 t_student 表的列对象上，如图 10-16 所示。

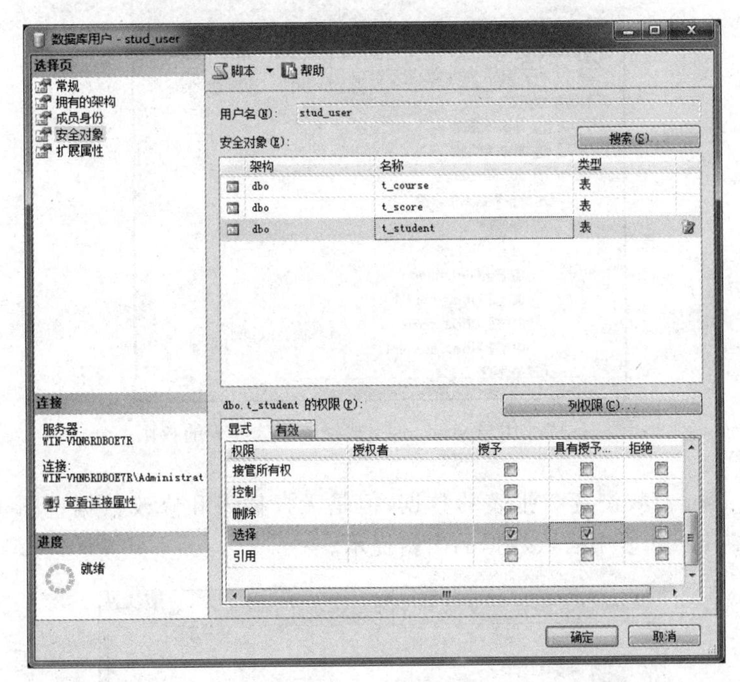

图 10-15　授予权限

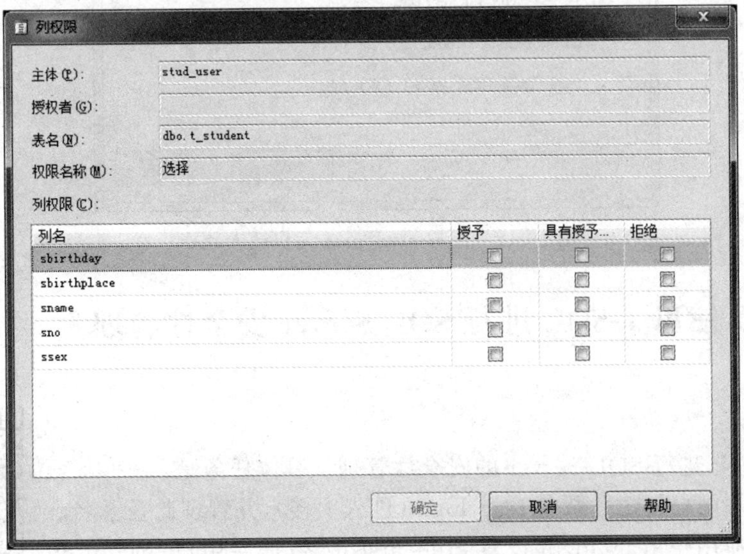

图 10-16　“列权限”对话框

使用前面的比喻,列可以看作柜子里面的小匣子。进入大楼、房间,打开柜子和小匣子,就是登录数据库服务器中的数据库,打开表并操作列中的数据。

2. 验证用户 stud_user 的权限

在对象资源管理器里,使用登录名 stud_login 连接数据库引擎,展开"数据库"节点以后,就可以看到已经授权的表,如图 10-17 所示。

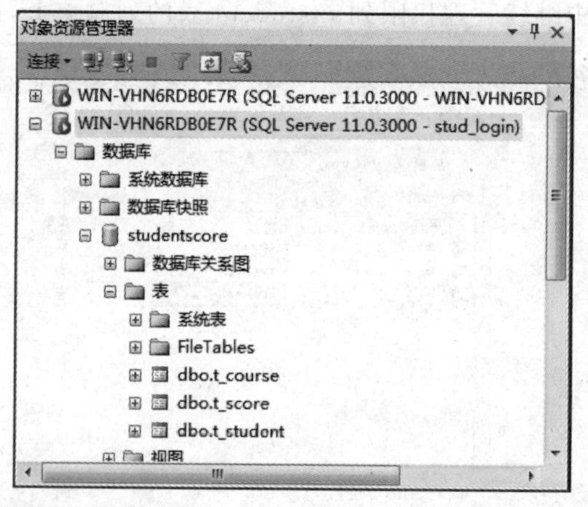

图 10-17　用户 stud_user 被授予了选择表的权限

用户 stud_user 有权浏览 3 张表的数据,但是无权插入和修改数据。图 10-18 是用户 stud_user 在 t_student 表中插入数据的出错提示。

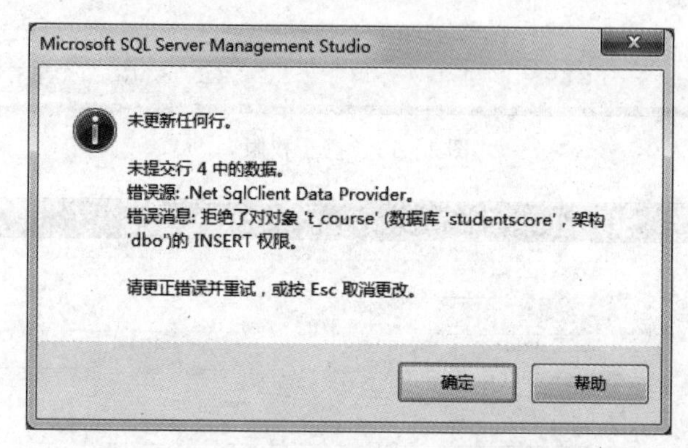

图 10-18　用户 stud_user 无权插入数据

任务 10-4　使用 T-SQL 进行 SQL Server 安全性管理

提出任务

任务 10-4

使用 T-SQL 进行 SQL Server 的安全性管理。具体任务是:

(1) 为教师用户创建登录名 teac_login(进入大楼),并管理此登录名。

(2) 为教师用户 teac_login 设置 studentscore 数据库用户 teac_user(进入房间),并管理此数据库用户。

(3) 使教师用户 teac_user 能够查询、插入、修改 t_student、t_course、t_score 表的数据（打开柜子），而没有修改表的结构等其他权限。

实施任务

1. 管理服务器的安全

(1) 创建登录名。创建 SQL Server 身份验证的登录名 teac_login，密码是 321，创建时关闭密码强制策略。语句如下：

```
CREATE LOGIN teac_login WITH PASSWORD='321',CHECK_POLICY=OFF
```

如果要创建 Windows 身份验证的登录名，语句如下：

```
CREATE LOGIN [WIN-VHN6RDB0E7R\teac_login1] FROM WINDOWS
```

teac_login1 必须是计算机 WIN-VHN6RDB0E7R（计算机名称）的用户。

(2) 修改登录名。将登录名 teac_login 的密码改为 123，语句如下：

```
ALTER LOGIN teac_login WITH PASSWORD='123'
```

(3) 删除登录名。删除登录名 WIN-VHN6RDB0E7R\teac_login1，语句如下：

```
DROP LOGIN [WIN-VHN6RDB0E7R\teac_login1]
```

2. 管理数据库的安全

(1) 创建登录名 teac_login 映射在 studentscore 数据库的用户 teacher，语句如下：

```
USE studentscore
CREATE USER teacher FOR LOGIN teac_login
```

(2) 修改数据库的用户 teacher 的名称为 teac_user，语句如下：

```
USE studentscore
ALTER USER teacher WITH NAME=teac_user
```

(3) 删除数据库用户 teac_user，语句如下：

```
USE studentscore
DROP USER teac_user
```

3. 管理数据库对象的安全

T-SQL 用 GRANT 授予权限，用 DENY 拒绝权限，用 REVOKE 撤销权限。

给教师用户 teac_user 授权，能够查询、插入、修改 t_student、t_course、t_score 表的数据。语句如下：

```
USE studentscore
GRANT SELECT,UPDATE,INSERT ON t_student TO teac_user
GRANT SELECT,UPDATE,INSERT ON t_course TO teac_user
GRANT SELECT,UPDATE,INSERT ON t_score TO teac_user
```

以上 T-SQL 语句执行的效果，请读者自行在 SSMS 里逐句进行验证。

思政小课堂

数据安全

数据库既要保证数据的完整性(数据是有价值的),也要保障数据的安全。数据越有价值,数据安全越重要;数据既然有价值,那就是财产或者资产,数据的安全就是财产的安全。数据安全的重要性毋庸置疑,增强数据安全的意识,防止有价值信息的泄露。

安全是发展的前提,发展是安全的基础。数据安全关乎国家安全和公众利益,是非传统安全的重要方面。数据安全是指通过采取必要措施,确保数据处于有效保护和合法利用的状态,以及具备保障持续安全状态的能力。

2021年5月,国家安全机关工作人员发现,某境外咨询调查公司通过网络、电话等方式,频繁联系我国境内大型航运企业、代理服务公司的管理人员,以高额报酬聘请行业咨询专家之名,与其中数十名管理人员建立"合作",指使其广泛搜集提供我国境内航运基础数据、特定船只载物信息等。国家安全机关立即对有关境内人员进行警示教育,并责令所在公司加强内部人员管理和数据安全保护措施。同时,依法对该境外咨询调查公司有关活动进行了查处。

拓展训练

一、实践题

(1) 在教师授课数据库中完成下面的训练内容。

① 使用SSMS为授课教师用户创建登录名,然后映射到教师授课数据库中成为数据库用户,最后为此数据库用户授权选择教师表、部门表、课程表和授课表的权限。

② 使用T-SQL为教务管理用户创建登录名,然后映射到教师授课数据库中成为数据库用户,最后为此数据库用户授权选择、插入、修改教师表、部门表、课程表和授课表的权限。

(2) 在图书借还数据库中完成下面的训练内容。

① 使用SSMS为读者用户创建登录名,然后映射到图书借还数据库中成为数据库用户,最后为此数据库用户授权选择读者表、图书表、书库表和借还表的权限。

② 使用T-SQL为图书管理用户创建登录名,然后映射到教师授课数据库中成为数据库用户,最后为此数据库用户授权选择、插入、修改读者表、图书表、书库表和借还表的权限。

二、理论题

1. 单选题

(1) 在SQL Server中,以下用于撤销用户权限的语句是(　　)。

A. DELETE　　B. DROP　　C. REVOKE　　D. UPDATE

(2) 在SQL Server中,创建数据库服务器登录名的语句是(　　)。

A. CREATE USER　　B. DROP LOGIN

C. ALTER LOGIN　　D. CREATE LOGIN

(3) 在 SQL Server 中,创建数据库用户的语句是(　　)。

A. CREATE USER　　B. DROP USER

C. ALTER USER　　D. CREATE LOGIN

2. 填空题

(1) 在 SQL Server 中,创建登录数据库服务器用户的语句是________。

(2) 在 SQL Server 中,修改登录数据库服务器用户的语句是________。

(3) 在 SQL Server 中,删除登录数据库服务器用户的语句是________。

(4) 在 SQL Server 中,创建数据库用户的语句是________。

(5) 在 SQL Server 中,修改数据库用户的语句是________。

(6) 在 SQL Server 中,删除数据库用户的语句是________。

(7) 在 SQL Server 中,数据库用户授予权限的语句是________。

(8) 在 SQL Server 中,数据库用户拒绝权限的语句是________。

(9) 在 SQL Server 中,数据库用户撤销权限的语句是________。

3. 简答题

(1) SQL Server 安全机制等级如何划分?

(2) SQL Server 服务器有哪两种身份验证模式?

(3) SQL Server 数据库两个默认的用户是什么? 有什么不同?

项目 11　数据库的备份与还原

保证数据安全是数据库的日常维护工作的最重要的目标，主要是防止数据丢失。造成数据丢失的原因有磁盘故障、计算机错误（如系统崩溃）、人为错误（如误操作）等。

数据库的备份和还原是数据库日常维护工作的主要内容。

本项目涉及的知识点和任务如图 11-1 所示。

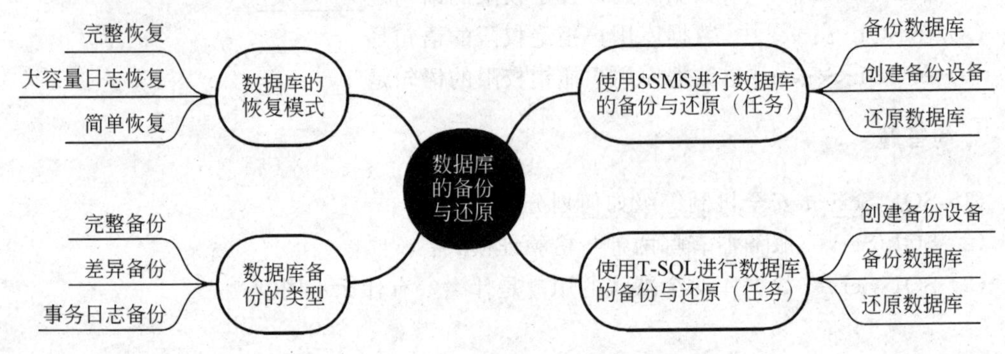

图 11-1　项目 11 思维导图

项目目标

- 了解数据库的恢复模式和备份的类型。
- 掌握数据库备份与还原的方法。
- 培养职业精神，做好数据库的备份与还原。

11.1　知识准备

知识 11-1

知识 11-1　数据库的恢复模式

恢复模式是数据库的一个属性（数据库属性的“选项”选择页），用于控制数据库备份和还原的行为。SQL Server 通过了 3 种恢复模式：完整恢复、大容量日志恢复和简单恢复，如图 11-2 所示。

1. 完整恢复

完整恢复会完整记录下操作数据库的每一个步骤，因此能够将整个数据库恢复到一个

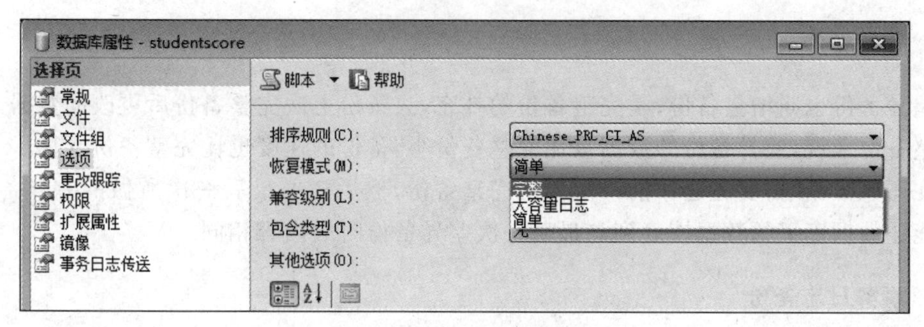

图 11-2　数据库恢复模式

特定的时间点。在完全恢复模式下，可以进行各种备份。

2. 大容量日志恢复

大容量日志恢复是对完整恢复模式的补充。对大容量操作进行最小日志记录，节省日志文件的空间（如导入数据、批量更新、选择并插入等操作时）。

例如，一次在数据库中插入 10 万行数据时，在完整恢复模式下，每一个插入行的动作都会记录在日志中，使日志文件变得非常大。在大容量日志恢复模式下只记录必要的操作，不记录所有日志，这样可以大大提高数据库的性能。但是由于日志不完整，一旦出现问题，数据将可能无法恢复。因此，一般只有在需要进行大量数据操作时才将恢复模式改为大容量日志恢复模式，数据处理完毕，马上将恢复模式改回完整恢复模式。

3. 简单恢复

简单恢复是默认恢复模式（不同 SQL Server 版本中默认的恢复模式不同），在此模式下，数据库会自动把不活动的日志删除，可以最大限度地减少事务日志的管理开销，但是因为没有事务日志备份，所以不能恢复到失败的时间点，只能恢复到最后一次备份时的状态。通常，此模式只用于对数据安全要求不太高的数据库。并且在该模式下，数据库只能进行完整备份和差异备份。

知识 11-2　数据库备份的类型

知识 11-2

备份不只是复制文件，还可得到数据库的副本，并可以还原数据。作为数据库的日常维护工作，备份的频率取决于所能承受的数据损失的大小，以及数据变化的程度。只有系统管理员、数据库所有者和数据库备份操作员有权备份数据库。

SQL Server 通过了 3 种常用的备份类型：完整备份、差异备份和事务日志备份。

1. 完整备份

完整备份整个数据库的所有内容，包括事务日志，所以需要比较多的存储空间和备份时间。只有在执行了完整备份之后才能执行其他备份。

2. 差异备份

差异备份也叫增量备份,是完整备份的补充,只备份上次完整备份后更改的数据。相对于完整备份来说,差异备份的数据量比完整备份小,备份的速度也比完整备份要快。

在还原数据时,要先还原前一次做的完整备份,然后还原最后一次所做的差异备份,这样才能让数据库里的数据恢复到与最后一次差异备份时的内容相同。

3. 事务日志备份

事务日志备份只备份事务日志里的内容。事务日志记录了上一次完整备份或事务日志备份后数据库的所有变动过程,因此事务日志备份之前先要进行完整备份。

与差异备份类似,事务日志备份生成的文件较小,占用时间较短。但是在还原数据时,除了先要还原完整备份之外,还要依次还原每个事务日志备份,而不是只还原最后一个事务日志备份,这是与差异备份的区别。

11.2 任务划分

任务 11-1

任务 11-1 使用 SSMS 进行数据库的备份与还原

提出任务

使用 SSMS 对数据库 studentscore 进行完整备份与还原。

实施任务

1. 备份数据库

在对象资源管理器的数据库 studentscore 的右键快捷菜单中选择“任务”→“备份”命令,打开“备份数据库”对话框,如图 11-3 所示。

默认情况下,“恢复模式”是“简单”类型,这里应该事先选择“完整”类型,否则备份类型就只有“完整”和“差异”两种类型,而没有“事务日志”类型。

“备份组件”默认选项是“数据库”;“文件和文件组”选项适合数据库特别大,只备份行数据文件或文件组的情况。

“备份集”是备份到一个或多个文件的集合。默认已经有了名称,用户可以修改名称并在下面添加说明。

“备份集过期时间”如果“晚于”0 天,表示永不过期,用户可以输入 0～99999 的天数;也可以选择“在”单选按钮,在其后的下拉列表框中确定过期日期。

“目标”选项区的列表框里是默认的备份文件名称和路径,单击“添加”按钮,打开“选择备份目标”对话框,可以选择要备份的文件名或备份设备,如图 11-4 所示。

“文件名”文本框后面的扩展按钮可以定位备份文件的位置,并输入备份文件名。也可

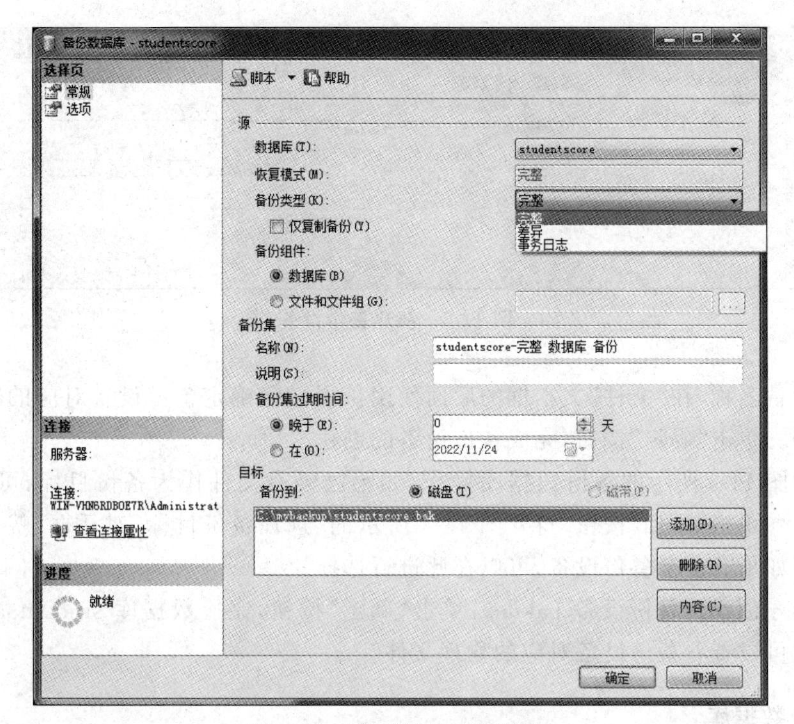

图 11-3　“备份数据库”对话框

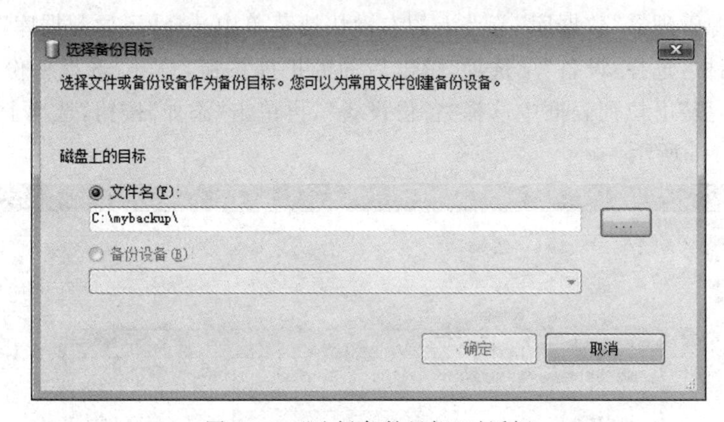

图 11-4　“选择备份目标”对话框

以选择“备份设备”选项。备份设备由服务器统一管理。对备份产生的文件有逻辑名称，并且有备份的详细信息，如备份的时间、类型、数据库名称等。

因为当前服务器里没有创建备份设备，所以图 11-4 所示的“备份设备”选项不能用。

在图 11-3 所示的对话框中单击左上角的“选项”选择页，可以看到默认设置为“备份到现有介质集”“追加到现有备份集”。

2. 创建备份设备

使用备份设备更方便管理。

先取消图 11-3 所示的备份数据库操作，在对象资源管理器里展开“服务器对象”节点，找到“备份设备”，在其右键快捷菜单中选择“新建备份设备”命令，打开如图 11-5 所示的对话框。

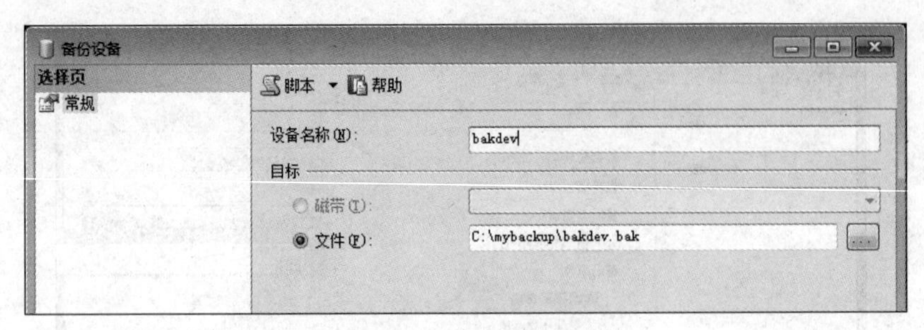

图 11-5　新建备份设备

输入设备名称,在"文件"文本框的后面使用扩展按钮确定备份设备对应的物理文件的名称和路径。单击"确定"按钮,完成备份设备的创建。

再回到图 11-3 所示的备份数据库操作,如果已经有文件作为备份目标,可以单击"删除"按钮删除;单击"添加"按钮,打开图 11-4 所示的"选择备份目标"对话框,就可以选择备份设备了。如果有多个备份设备,可以在此进行选择。

选择刚才创建的备份设备 bakdev,单击"确定"按钮,完成数据库 studentscore 的完整备份。用户可以查看备份设备对应的物理文件。

3. 还原数据库

在对象资源管理器"数据库"节点上的右键快捷菜单中选择"还原数据库"命令,打开"还原数据库"对话框,选择"设备"单选项,单击后面的扩展按钮,打开"选择备份设备"对话框,在"备份介质类型"下拉列表框中选择"备份设备",再单击"添加"按钮,选择上一个步骤的备份设备,如图 11-6 所示。

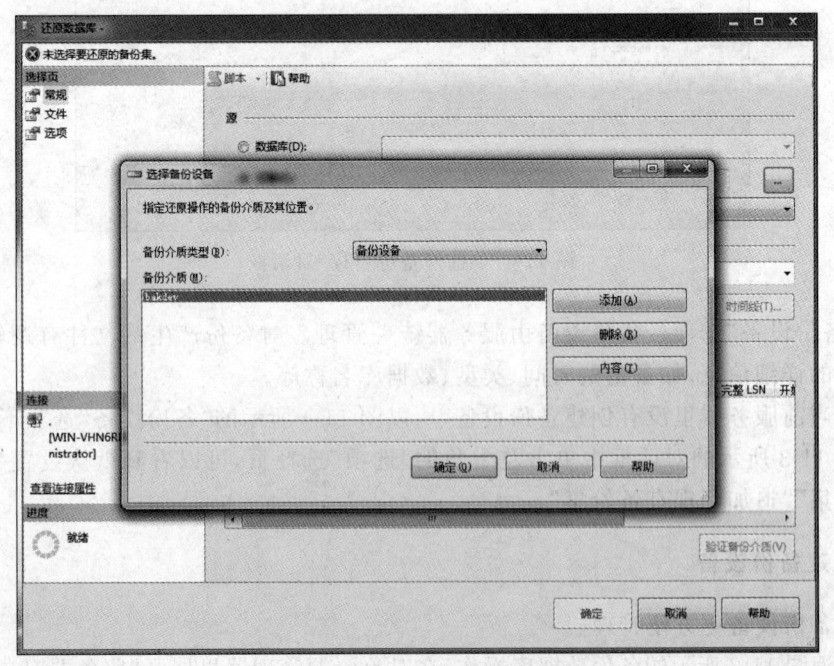

图 11-6　"选择备份设备"对话框

如果在还原之前除了做过完整备份，也做过差异备份或者事务日志备份，或者两者都做过，那么备份文件将都可以看到，可根据需要进行选择。

单击“确定”按钮之后，“还原数据库”对话框上面的提示会由原来的红叉标记变成黄色的警告标记，如图 11-7 所示。再次单击“确定”按钮之后，会弹出“成功还原了数据库 studentscore”的提示信息。如果数据库 studentscore 仍然存在，则会覆盖现有数据库。

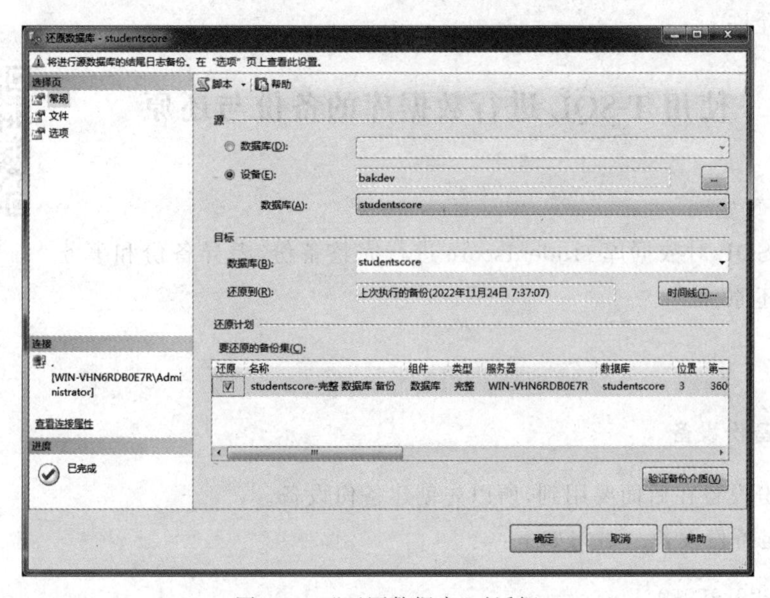

图 11-7　“还原数据库”对话框

在“还原数据库”对话框中单击“选项”选择页，有“还原选项”可以选择，如图 11-8 所示。在“恢复状态”下拉列表框里有 3 个单选项为 RESTORE WITH RECOVERY、RESTORE WITH NORECOVERY 和 RESTORE WITH STANDBY。

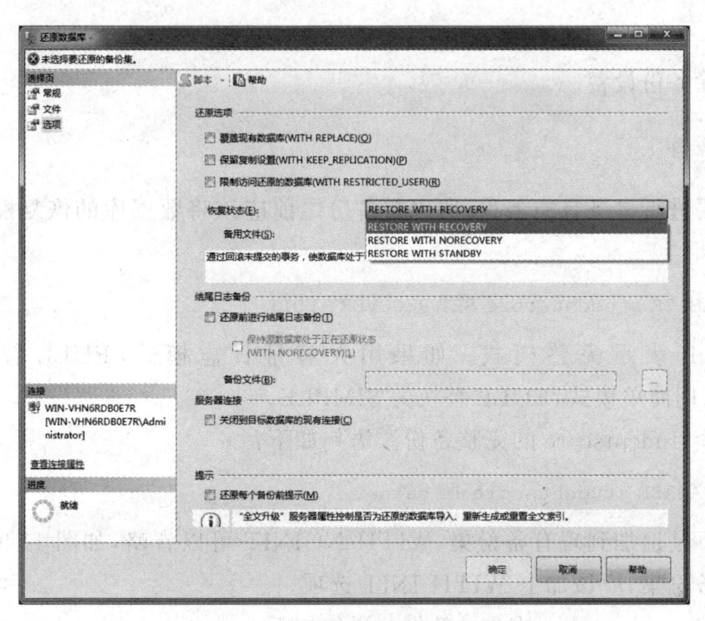

图 11-8　还原数据库选项

(1) RECOVERY:默认方式。恢复过程完成后,数据库可用,所以用来恢复最后一个备份。

(2) NORECOVERY:恢复后数据库不可用,用来恢复不是最后一个的其他备份。

(3) STANDBY:恢复的数据库是只读模式,此选项需要指定一个备用文件。

还原数据库的版本向下兼容,低版本的 SQL Server 数据库备份可以还原到高版本中,反之系统不允许。

任务 11-2 使用 T-SQL 进行数据库的备份与还原

任务 11-2

提出任务

使用 T-SQL 对数据库 studentscore 进行完整备份、差异备份和事务日志备份与还原。

实施任务

1. 创建备份设备

因为备份设备在后面要用到,所以先创建备份设备。

(1) 创建备份设备。语句如下:

```
USE studentscore
EXEC SP_ADDUMPDEVICE 'disk','bakdev','c:\mybackup\bakdev.bak'
```

其中,disk 表示备份设备是磁盘;bakdev 是备份设备的名称;c:\mybackup\bakdev.bak 是备份设备对应的文件名称。

(2) 删除备份设备。如果要删除备份设备 bakdev,语句如下:

```
EXEC SP_DROPDEVICE 'bakdev'
```

这里不删除备份设备。

2. 备份数据库

因为后面要进行事务日志备份,所以在备份之前应该将数据库的恢复模式改为完整模式,语句如下:

```
ALTER DATABASE studentscore SET RECOVERY FULL
```

其中,FULL 表示完整模式。如果用大容量日志模式,FULL 替换为 BULK_LOGGED;如果用简单模式,FULL 替换为 SIMPLE。

(1) 数据库 studentscore 的完整备份。语句如下:

```
BACKUP DATABASE studentscore TO bakdev
```

默认情况下是追加到现有备份集,WITH NOINIT 可以省略,如图 11-9 所示。如果要覆盖所有现有备份集,应该加上 WITH INIT 选项。

(2) 数据库 studentscore 的差异备份。语句如下:

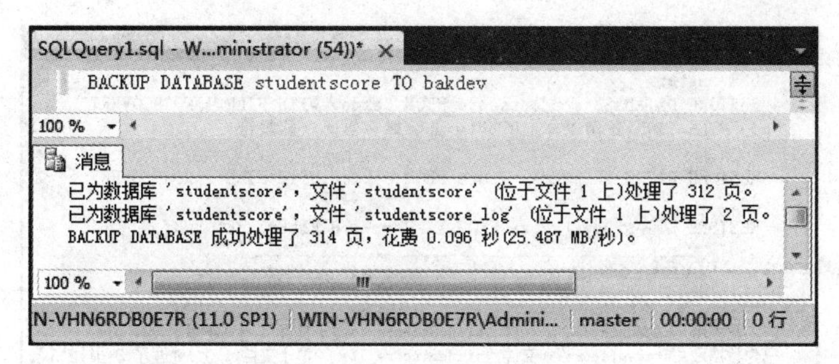

图 11-9　完整备份

```
BACKUP DATABASE studentscore TO bakdev WITH DIFFERENTIAL
```

其中,WITH DIFFERENTIAL 选项是差异备份,如图 11-10 所示。

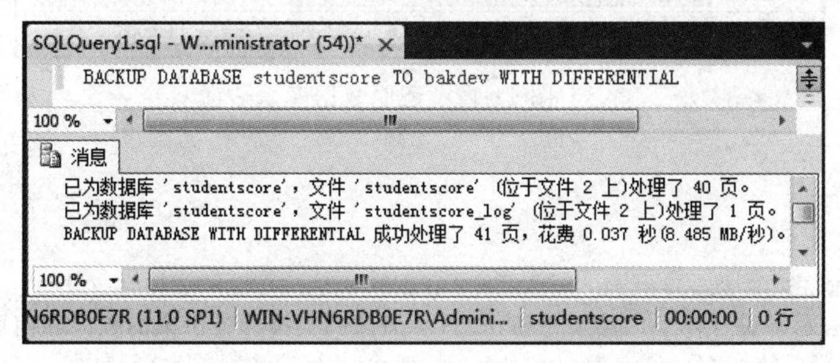

图 11-10　差异备份

(3) 数据库 studentscore 的事务日志备份。语句如下:

```
BACKUP LOG studentscore TO bakdev
```

如图 11-11 所示是事务日志备份。

图 11-11　事务日志备份

比较 3 种备份后的消息,完整备份数据量最大,用时最多;差异备份次之;事务日志备份数据量最小,用时最少。所以备份策略中,完整备份频率应该最低,并且与差异备份、事务日志备份结合使用。

3. 还原数据库

在数据库 studentscore 不存在的情况下,从 bakdev 备份设备中还原完整备份、差异备份和事务日志备份,结果如图 11-12 所示。

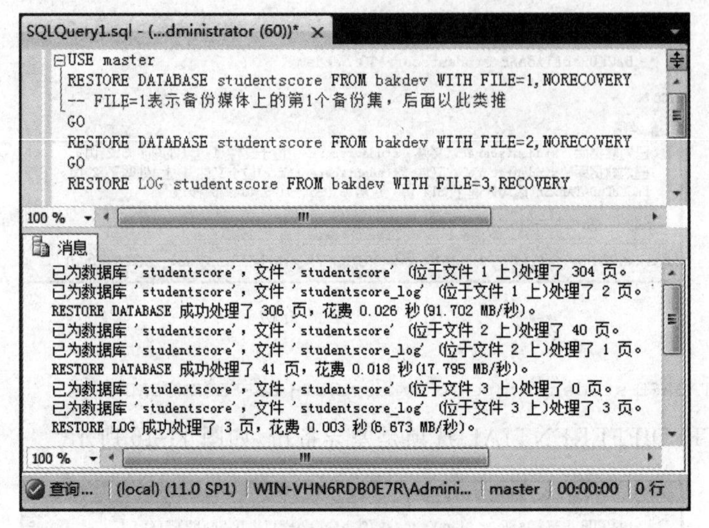

图 11-12　还原数据库

语句如下：

```
USE master
RESTORE DATABASE studentscore FROM bakdev WITH FILE=1,NORECOVERY
/* FILE=1 表示备份媒体上的第 1 个备份集,后面以此类推。备份集的顺序和前面备份操作消息里
   的文件位置一致 */
GO
RESTORE DATABASE studentscore FROM bakdev WITH FILE=2,NORECOVERY
GO
RESTORE LOG studentscore FROM bakdev WITH FILE=3,RECOVERY
```

上面的语句成功执行后,studentscore 数据库全部还原完成,可以在对象资源管理器中查看。

 思政小课堂

职业精神

数据对于数据库用户来说是非常宝贵的资产,数据存放在计算机上,即使最可靠的软硬件也可能出现故障。所以,应该在意外发生之前要做好充分的准备工作——也就是数据库的日常维护,以便意外发生后有相应的补救措施,能够快速地恢复数据库的运行,使造成的损失减少到最小。培养职业精神,做好数据库的备份与还原非常重要。

职业精神是与人们的职业活动紧密联系,具有职业特征的精神与操守,从事这种职业就该具有精神、能力和自觉。

社会主义职业精神由多种要素构成,它们相互配合,形成严谨的职业精神模式。职业精神的实践内涵体现在敬业、勤业、创业、立业四个方面。

在全面建设小康社会,不断推进中国特色社会主义伟大事业,实现中华民族复兴的征程中,从事不同职业的人们都应当大力弘扬社会主义职业精神,尽职尽责,贡献自己的聪明才智。

拓展训练

一、实践题

分别使用 SSMS 和 T-SQL 完成下面的训练内容。

(1) 备份和还原教师授课数据库,可以进行完整备份和差异备份。

(2) 备份和还原图书借还数据库,可以进行完整备份和差异备份。

二、理论题

1. 单选题

(1) 在 SQL Server 中,备份数据库的命令是(　　)。

A. SQLDUMP　　B. SAVE　　C. BACKUP　　D. COPY

(2) 在 SQL Server 中,还原数据库的命令是(　　)。

A. RECOVERY　　B. RESTORE　　C. REDUCTION　　D. REVERT

(3) 恢复数据库之前,应该做的工作是(　　)。

A. 创建表备份　　B. 创建数据库备份

C. 删除表备份　　D. 删除日志备份

2. 填空题

(1) 在 SQL Server 中,创建备份设备的存储过程是________。

(2) 在 SQL Server 中,删除备份设备的存储过程是________。

(3) 在 SQL Server 中,备份数据库的语句是________。

(4) 在 SQL Server 中,还原数据库的语句是________。

3. 简答题

(1) SQL Server 数据库的恢复模式有哪些?

(2) SQL Server 数据库常用的备份类型有哪些?

(3) SQL Server 中,使用 T-SQL 怎么备份数据库和还原数据库?

项目 12　数据库的简单应用开发

数据库本身的设计、实现、安全、维护工作基本完成，但是，不懂数据库技术的人仍然无法使用数据库系统。应用开发可以建立一个用户和计算机交互的界面，方便用户（不懂数据库技术的人）使用学生成绩管理系统。

本项目涉及的知识点和任务如图 12-1 所示。

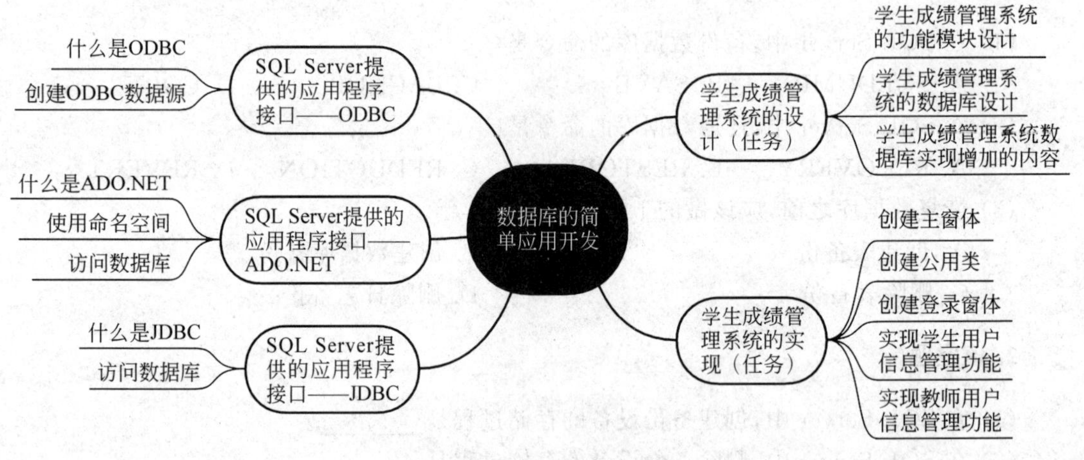

图 12-1　项目 12 思维导图

项目目标

- 了解 SQL Server 提供的应用程序接口。
- 掌握使用 ADO.NET 对象连接 SQL Server 的方法。
- 了解开发数据库应用程序的基本方法。
- 发扬团结协作的精神，实现模块化应用开发的合作共赢。

12.1　知识准备

知识 12-1

知识 12-1　SQL Server 提供的应用程序接口——ODBC

应用程序接口（application programming interface，API）可以帮助用户实现前端程序和后台服务器上的数据库的连接和访问。本书主要介绍 SQL Server 2012 提供的 API 是

ODBC、ADO.NET 和 JDBC。

1. 什么是 ODBC

ODBC 是 Open Database Connectivity 的缩写，即开放的数据库连接，是数据库服务器的一个标准协议。ODBC 本身提供了对 SQL 语言的支持，用户可以直接将 SQL 语句提交给 ODBC。

一个基于 ODBC 的应用程序对数据库的操作不依赖任何 DBMS，不直接与 DBMS 打交道，所有的数据库操作由对应的 DBMS 的 ODBC 驱动程序完成。不同的数据库使用不同的驱动程序，对应于 ODBC 不同的数据源名称(data sourse name，DSN)。DSN 指定了与后台数据库服务器、连接驱动程序以及连接方式等信息。

2. 创建 ODBC 数据源

创建 ODBC 数据源的步骤如下。

(1) 在操作系统中依次选择"控制面板"→"管理工具"→"数据源(ODBC)"，双击打开"ODBC 数据源管理器"对话框，如图 12-2 所示。可以选择"用户 DSN""系统 DSN"或者"文件 DSN"，3 种 DSN 在窗口下方有解释，说明如表 12-1 所示。

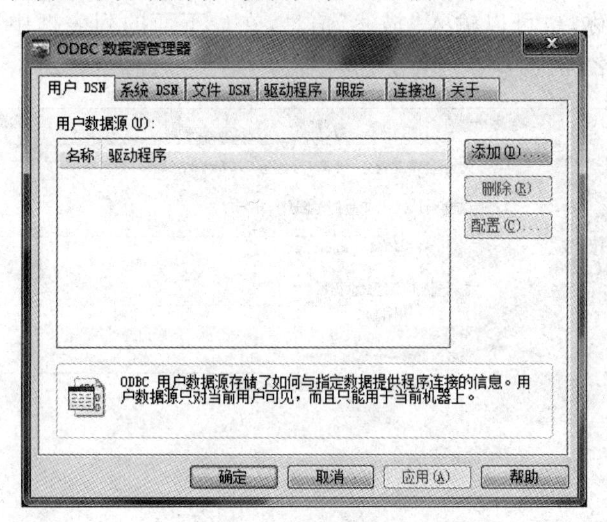

图 12-2 "ODBC 数据源管理器"对话框

表 12-1 3 种 DSN

DSN	说　明
用户 DSN	用户 DSN 的配置信息保存在注册表 HKEY_CURRENT_USER 中，只允许创建该 DSN 的登录用户使用
系统 DSN	系统 DSN 的配置信息保存在注册表 HKEY_LOCAL_MACHINE 中，与用户 DSN 不同的是系统 DSN 允许所有登录服务器的用户使用
文件 DSN	文件 DSN 的配置信息保存在硬盘上的某个具体文件中，所以可以方便地复制到其他机器中。文件 DSN 允许所有登录服务器的用户使用

(2) 单击图 12-2 中的“添加”按钮,打开“创建新数据源”对话框,如图 12-3 所示,在列表框中选择 SQL Server Native Client 11.0,这是比 SQL Server 驱动程序先进的数据访问技术。

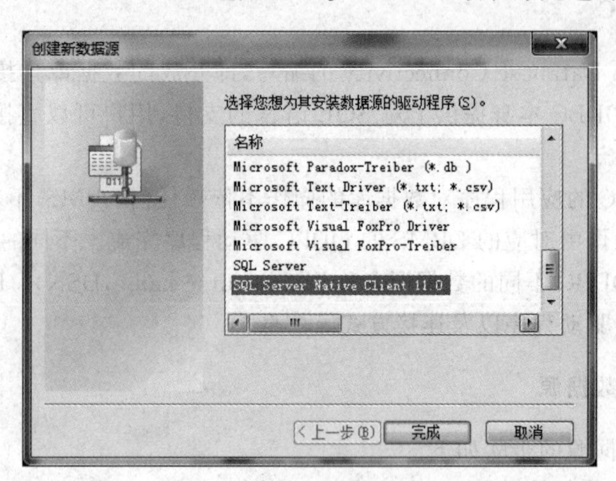

图 12-3 “创建新数据源”对话框

(3) 单击“完成”按钮,打开如图 12-4 所示的“创建到 SQL Server 的新数据源”对话框,输入新数据源的名称,也可以输入“描述”信息,在最下面的列表框中可以输入或者选择 SQL Server 服务器名称。

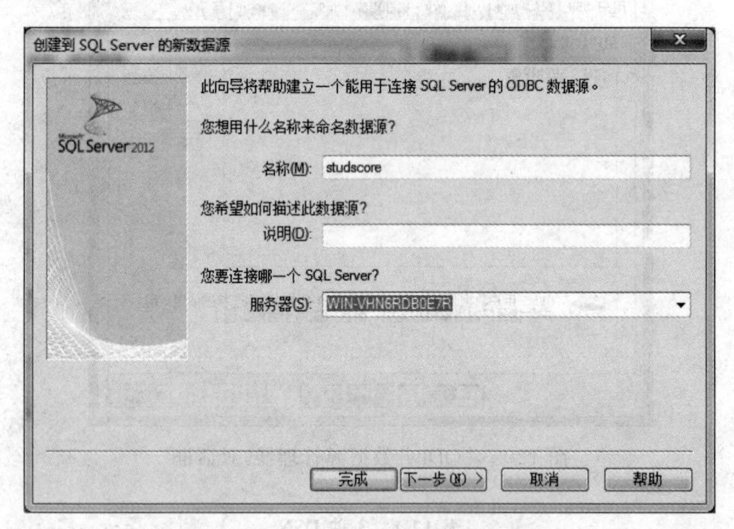

图 12-4 命名数据源和选择服务器

(4) 单击“下一步”按钮,选择 SQL Server 身份验证方式,如图 12-5 所示,这里就选择“集成 Windows 身份验证”选项。单击“下一步”按钮,更改数据源默认的数据库,如图 12-6 所示,再单击“下一步”按钮,完成数据源配置,如图 12-7 所示。

(5) 单击“完成”按钮,会显示将创建的 ODBC 数据源的配置情况,如图 12-8 所示。单击“测试数据源”按钮进行测试,如果成功会出现如图 12-9 所示的信息,否则返回前面的步骤进行修改。

(6) 单击“确定”按钮,在图 12-2 所示的对话框中可以看到创建的 studscore 用户数据源。

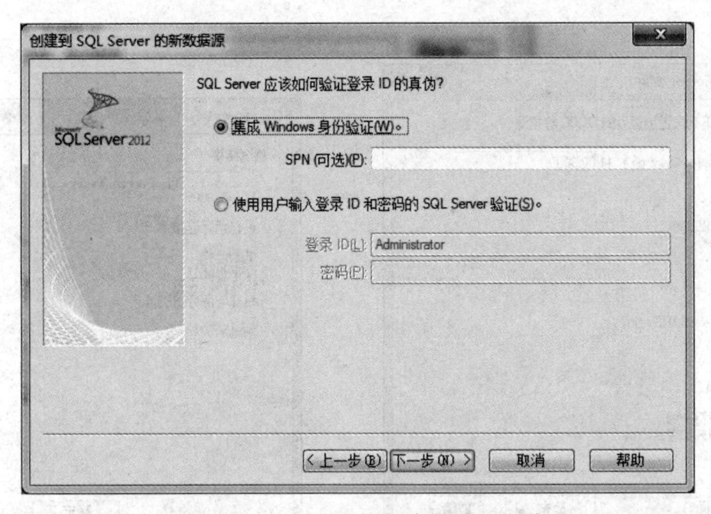

图 12-5　选择服务器的身份验证方式

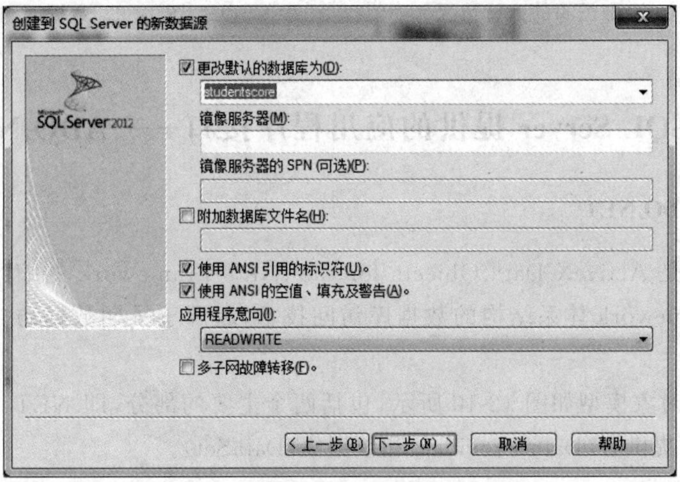

图 12-6　更改数据源默认的数据库

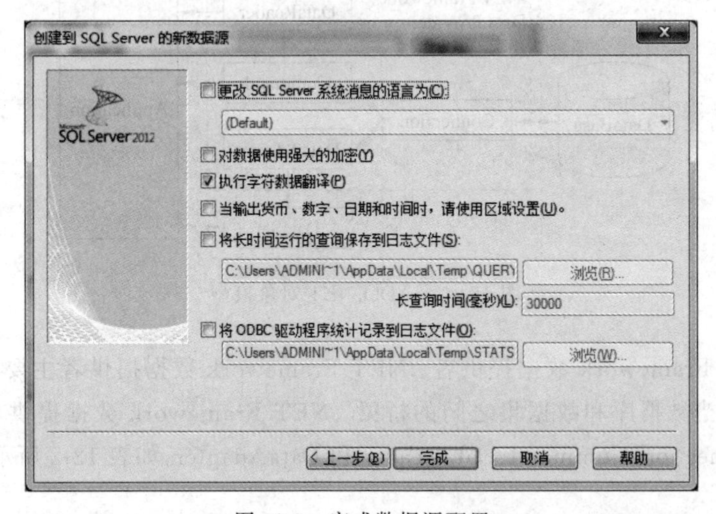

图 12-7　完成数据源配置

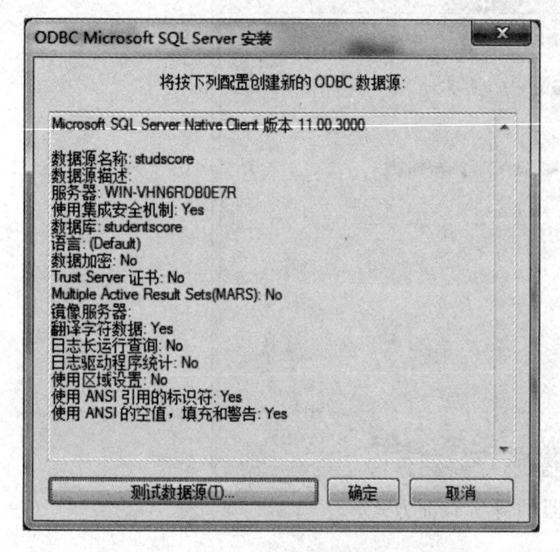

图 12-8　ODBC 数据源的配置情况

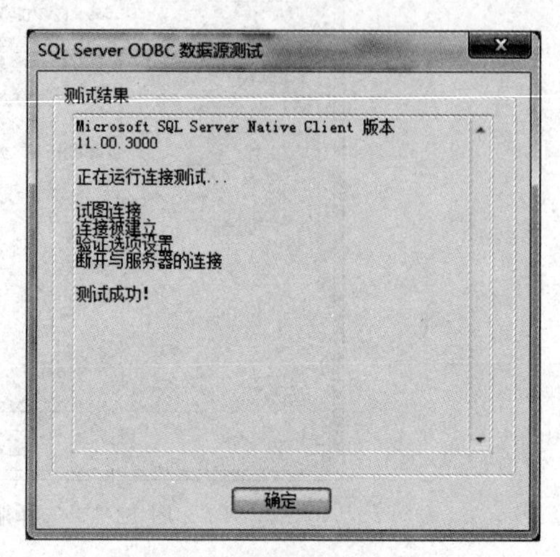

图 12-9　数据源测试成功

知识 12-2　SQL Server 提供的应用程序接口——ADO.NET

1. 什么是 ADO.NET

知识 12-2

ADO.NET 是 ActiveX Data Objects for the .NET Framework 的缩写，是.NET Framework 体系结构的数据库访问技术，起源于早期数据访问组件 ADO。

ADO.NET 对象模型如图 12-10 所示，包括两个主要的部分，即.NET Framework 数据提供者(Data Provider)和数据集(DataSet)。

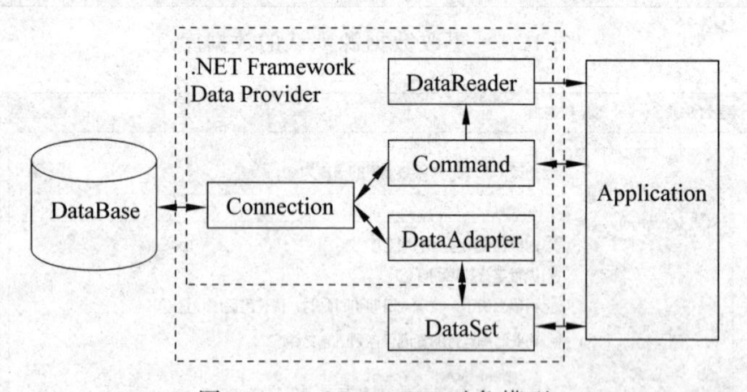

图 12-10　ADO.NET 对象模型

(1) .NET Framework 数据提供者。.NET Framework 数据提供者主要用来连接并管理数据，以及充当数据库和数据集之间的桥梁。.NET Framework 数据提供者主要包含了 4 个对象：Connection、Command、DataReader 和 DataAdapter，如表 12-2 所示。

表 12-2　.NET Framework 数据提供者主要包含的 4 个对象

对　象	说　明
Connection	建立与特定数据源的连接，能够打开数据库连接和关闭数据库连接
Command	对数据源执行操作命令，包括查询、插入、修改和删除
DataReader	以顺序且只读的方式从数据源中读取数据，通常用来存储查询结果
DataAdapter	能够操作数据，是数据库和数据集之间的转换器

(2) 数据集。数据集是数据在客户计算机内存中的驻留，这样可以以离线或者连接的方式操作数据，以减少网络流量。就像内存中的一个数据库，其中包含 DataTable(数据集中的表)、DataRow(DataTable 中的行)和 DataColumn(DataTable 中的列)等对象。

2. 使用命名空间

命名空间是对象的逻辑组合，可以防止对象名称的冲突，并能更容易地定位到对象。SQL Server 安全性管理中的数据库架构也是一种命名空间，但是数据库架构不能嵌套。

ADO.NET 主要在 System.Data 命名空间中实现。ADO.NET 包括 SQL Server 数据提供组件和 OLE DB 数据提供组件。前者支持 SQL Server 7.0 或更高版本，直接与 SQL Server 底层沟通，性能较高，属于 System.Data.SqlClient 命名空间；后者用于访问 Access、Oracle 等数据源，访问 SQL Server 性能一般，属于 System.Data.OleDb 命名空间。当程序中用到命名空间中的类时，要在程序中引入相关的命名空间。

3. 访问数据库

(1) 连接数据库。根据数据源的不同，分别使用 SqlConnection 和 OledbConnection 对象连接数据库。这里以 SqlConnection 为例，使用 Visual Basic.NET 语言并采用 Windows 身份验证连接本地数据库 studentscore，语句如下：

```
imports System.Data.SqlClient                  '引入命名空间，必须放在窗体代码之外
Dim sqlcon As New SqlConnection("data source=(local);
   initial catalog=studentscore; integrated security=true;")      '声明连接对象
sqlcon.Open()                                  '打开连接
sqlcon.Close()                                 '关闭连接
```

(2) 操作数据库。在与数据库连接的状态下，可以使用 Command 对象对数据源进行插入、修改、删除及查询等操作。如在上面代码中打开连接和关闭连接之间查询所有成绩的平均分，语句如下：

```
Dim comm As New SqlCommand("SELECTAVG(score) FROM t_score", sqlcon)
Label1.Text = "平均分为" + Convert.ToString(comm.ExecuteScalar())
```

在非连接环境下(需要时连接数据库，不需要时断开)，可以使用 DataSet 对象操作数据库。如在前面打开连接和关闭连接之间，在 DataGridView 中显示所有学生的信息，语句如下：

```
Dim sda As New SqlDataAdapter("SELECT * FROM t_student", sqlcon)
Dim ds As New DataSet
```

```
sda.Fill(ds, "studinfo")
DataGridView1.DataSource = ds.Tables("studinfo")
```

其他数据库的操作方法不再一一列举，读者可以参考后面任务划分的任务实施过程，或者查阅程序设计的相关资料。

知识 12-3　SQL Server 提供的应用程序接口——JDBC

知识 12-3

1. 什么是 JDBC

数据库只能解释 SQL 语句，不能直接与应用程序通信，JDBC(Java database connectivity)是将 Java 语句转化为 SQL 语句的机制。JDBC 由一组用 Java 语言编写的类和接口组成，是 Java 语言访问数据库的一种规范，与 ODBC 类似，都是通过编程接口将数据库的功能以标准的形式呈现给应用程序开放人员。Java 客户端程序使用 JDBC 可以访问各种不同类型的数据库。

不同的数据库装载不同的驱动程序，然后通过驱动程序管理器建立和数据库之间的连接，如图 12-11 所示。

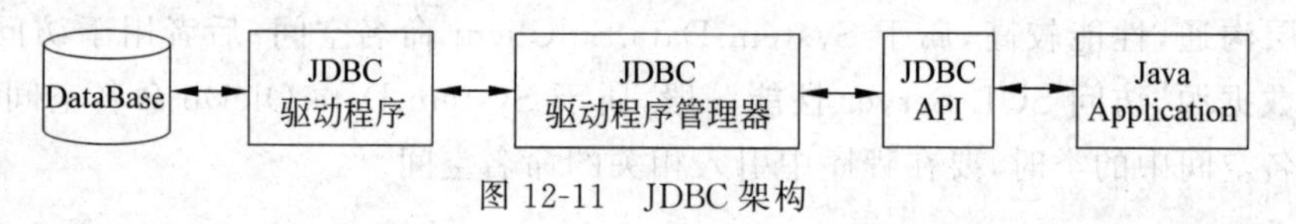

图 12-11　JDBC 架构

2. 访问数据库

(1) 装载驱动程序。通过 Class 类的 forName()方法装载数据库驱动程序。例如，装载 SQL Server 驱动程序的语句如下：

```
Class.forName("com.microsoft.sqlserver.jdbc.SQLServerDriver").newInstance();
```

Java 连接 SQL Server 2012 的驱动程序网上可以下载。

(2) 连接数据库。利用驱动程序管理器的 getConnection()方法创建一个 Connection 连接对象连接数据库。例如，采用 Windows 身份验证连接数据库 studentscore 的语句如下：

```
String url="jdbc:sqlserver:// localhost/temp;databaseName=studentscore;
           integratedSecurity=true;";
Connection conn= DriverManager.getConnection(url);
```

(3) 操作数据库。利用 Connection 对象的 createStatement()创建 Statement 对象。Statement 对象用于将 SQL 语句发送到数据库中，Statement 对象的 executeQuery()方法能以 ResultSet 结果集的形式返回查询结果。例如，查询 t_student 表的所有信息，语句如下：

```
Statement stmt = con.createStatement();
ResultSet rs = stmt.executeQuery("SELECT * FROM t_student");
```

12.2 任务划分

任务 12-1 学生成绩管理系统的设计

提出任务

设计一个简单的学生成绩管理系统，数据库就是 studentscore，开发工具使用 Visual Studio 2012 中的 Visual Basic，通过 ADO.NET 连接数据库，并实现数据的插入、修改、查询和删除操作。

实施任务

1. 学生成绩管理系统的功能模块设计

学生成绩管理系统包括系统模块、学生用户信息管理模块和教师用户信息管理模块。

(1) 系统模块包含用户登录、修改密码、切换用户以及退出系统的功能。系统的用户设计为两类：学生用户和教师用户。

(2) 学生用户信息管理模块能够显示学生登录用户的个人信息、选课信息以及成绩；学生登录用户能够修改部分个人信息。登录的教师用户不能使用此模块的功能，当然也无须使用。

(3) 教师用户信息管理模块能够管理所有的学生信息、课程信息和成绩信息，能够对这些信息进行添加、查询、修改和删除操作。登录的学生用户不能使用此模块的功能。

2. 学生成绩管理系统的数据库设计

学生成绩管理系统的数据库设计在前面的项目中基本上已经完成，并且实现了数据库的功能。按照功能模块设计的要求，在数据库 studentscore 中增加一个用户表 t_user，保存学生成绩管理系统的用户名称、密码和用户类型。用户表的结构如表 12-3 所示。将学生表 t_student 中的所有学号插入到用户表 t_user 中用户名和密码列中(密码默认和用户名相同)，用户类型为 false；再添加两个教师用户，用户名是以 t 开头的 5 个数字，密码也默认和用户名相同，用户类型是 true。

表 12-3 用户表

属　性	列　名	数据类型	允许空	说　　明
用户名	username	char(10)	否	用户名为主键
密码	password	char(10)	是	密码默认与用户名相同，进入系统可以修改
用户类型	isteacher	bit	是	区分学生用户和教师用户

3. 学生成绩管理系统数据库实现增加的内容

因为增加了用户表 t_user,用户表中的学生用户来自学生表,所以学生表中的学生信息进行插入和删除时,用户表中也要相应地插入和删除用户,在此增加学生表 t_student 的插入触发器,还要修改已有的删除触发器(学生成绩管理系统中的学号不允许修改,所以不需要添加或者修改更新触发器)。

(1) 插入触发器如下:

```
CREATE TRIGGER [dbo].[tri_insertsnotouser]
   ON  [dbo].[t_student] AFTER  INSERT
AS
BEGIN
    DECLARE @studsno CHAR(10)
    SELECT @studsno =sno FROM INSERTED
    --取出新插入的学生表的学号,插入用户表中
    INSERT INTO t_user VALUES(@studsno,@studsno,'false')
END
```

(2) 删除触发器如下:

```
ALTER TRIGGER [dbo].[tri_deletestud]
    ON [dbo].[t_student] AFTER DELETE
AS
BEGIN
    --删除成绩表 t_score 中对应于此学号的成绩信息
    DELETE FROM t_score WHERE sno= (SELECT sno FROM DELETED)
    --删除用户表 t_user 中对应于此学号的用户信息
    DELETE FROM t_user WHERE username = (SELECT sno FROM DELETED)
END
```

上述删除触发器实现删除学生信息时,对应的用户信息也被删除。这个功能也可以通过定义主外键关系来实现,t_student 表中 sno 为主键,t_user 表中 username 为外键,然后在删除规则中设置为级联。读者可以参考图 4-11 进行设置。

上述删除触发器之所以是修改而不是创建,是因为在任务 9-1 中创建了多个触发器,并且为了验证触发器的作用,建议读者删除原有的表之间的主外键关系,而使用触发器来实现原来主外键关系的约束。

请读者完善用触发器实现表之间级联的功能,也就是原有的表之间的主外键关系的约束功能,为后面的系统实现做好准备。

任务 12-2　学生成绩管理系统的实现

提出任务

使用 Visual Basic.NET 创建学生成绩管理系统的主窗体、公用类、登录窗体,并且实现学生用户信息管理模块和教师用户信息管理模块的功能。

实施任务

1. 创建主窗体

启动 Visual Studio 2012 后，选择"起始页"→"新建项目"，打开"新建项目"对话框，如图 12-12 所示。选择 Visual Basic 下的"Windows 窗体应用程序"模板并创建项目。

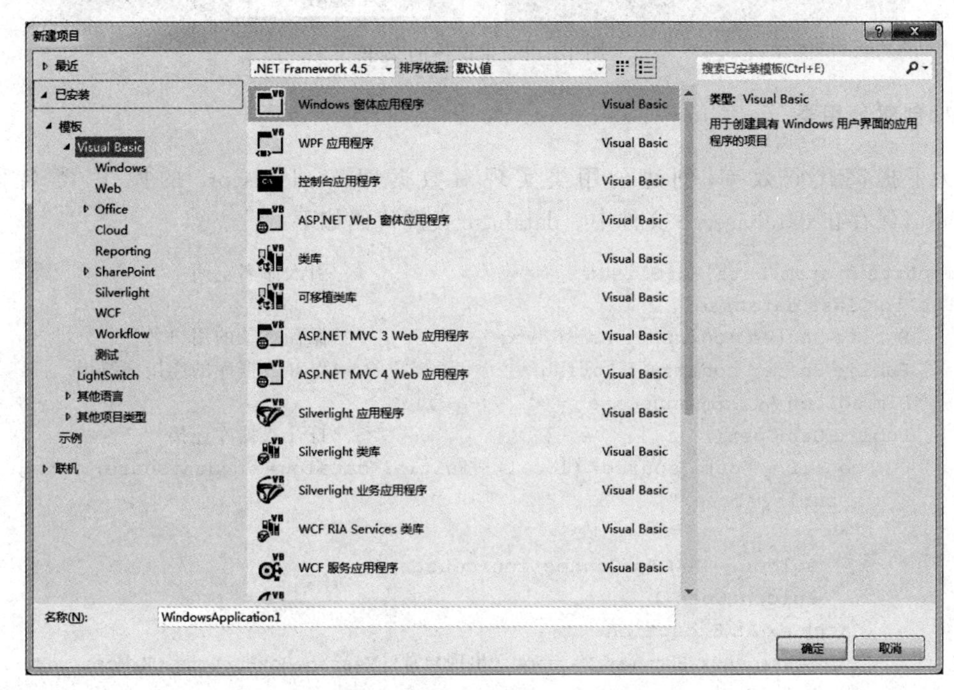

图 12-12　"新建项目"对话框

新建项目之后，在项目中创建学生成绩管理系统主窗体，完成后的效果如图 12-13 所示。

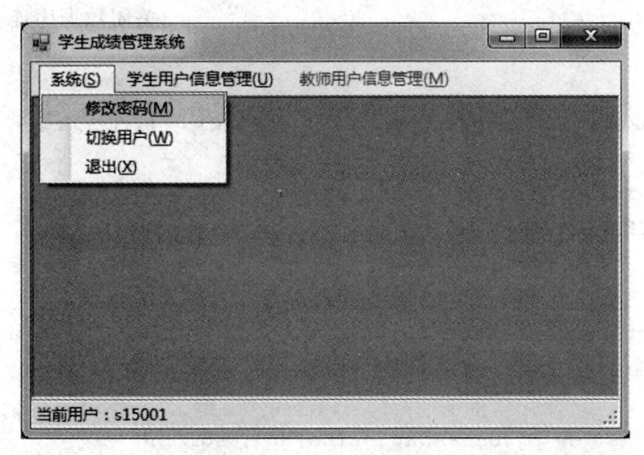

图 12-13　主窗体

在主窗体的状态栏中显示当前登录的用户名称 s15001，这是学生用户，所以只能使用学生用户信息管理模块。图 12-14 左图中可以看到学生用户的具体功能菜单,右图是教师用户登录后看到的具体功能菜单。

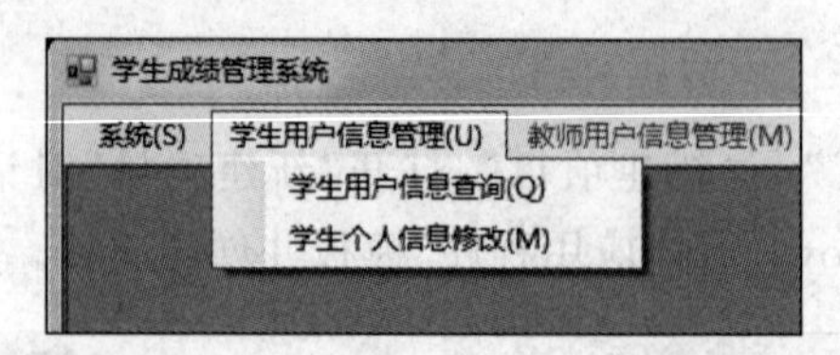

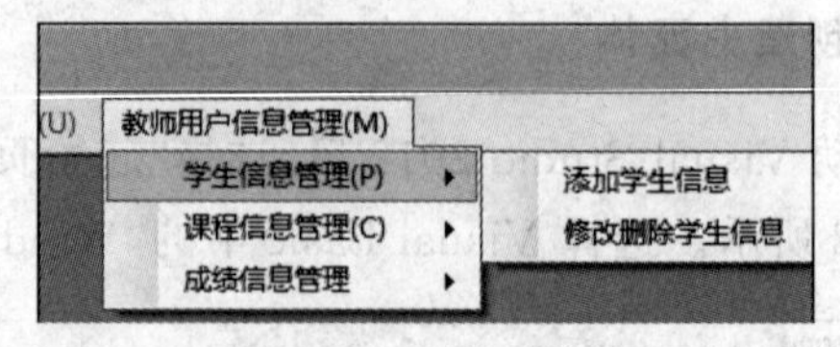

图 12-14　主窗体的菜单

2. 创建公用类

为了提高代码效率,创建公用类实现对数据库 studentscore 的操作,类名称为 database,保存在 database.vb 文件中。database 类源代码如下:

```
Imports System.Data.SqlClient                                  '引入命名空间
Public Class database
    Public Shared loginuser As String                          '保存登录的用户名
    Public Shared constr As String                             '保存数据库的连接字符串
    Dim sqlcon As SqlConnection
    Public Sub Open()                                          '打开数据库连接
        constr = "data source=(local); initial catalog=studentscore; integrated
        security=true;"
        Try
            sqlcon = New SqlConnection(constr)
            sqlcon.Open()
        Catch ex As Exception
            MessageBox.Show(ex.Message,"出现异常",MessageBoxButtons.OK,MessageBoxIcon.
            Error)
            Close()
            Environment.Exit(0)                                '强行退出程序,没有继续运行的必要
        End Try
    End Sub
    Public Sub Close()                                         '关闭数据库连接
        sqlcon.Close()
    End Sub
    Public Sub RunSqlcmd(ByVal parsql As String)               '执行 SQL 语句
        Open()
        Dim pricmd As New SqlCommand(parsql, sqlcon)
        pricmd.ExecuteNonQuery()
        Close()
    End Sub
    Public Function getDataSet(ByVal parsql As String) As DataSet      '返回 Dataset
        Dim ds As New DataSet
        Open()
        Dim sda As New SqlDataAdapter(parsql, sqlcon)
        sda.Fill(ds)
        Close()
        Return ds
    End Function
```

```
End Class
```

3. 创建登录窗体

系统启动后，首先进入登录窗体，效果如图 12-15 所示。

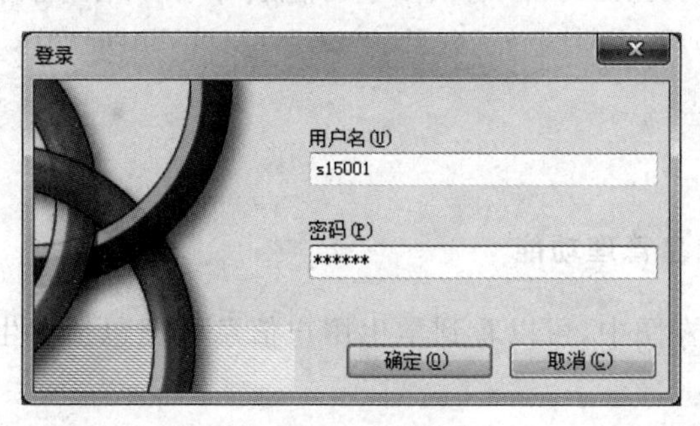

图 12-15　登录窗体

登录窗体主要的源代码如下：

```
Public Class LoginForm
    Dim mdiform1 As New mdiForm
    Private Sub OK_Click(ByVal sender As System.Object, ByVal e As System.EventArgs)
    Handles OK.Click
        Dim db As New database
        Dim selstr As String
        If Trim(UsernameTextBox.Text) = "" Or Trim(PasswordTextBox.Text) = "" Then
            MessageBox.Show("请输入用户名和密码", "缺少用户名或密码",
            MessageBoxButtons.OK, MessageBoxIcon.Exclamation)
            Exit Sub
        End If
        selstr = "select username,password from [t_user] where username='" + Trim
        (UsernameTextBox.Text) + "' and password='" + Trim(PasswordTextBox.Text) + "'"
        Dim usercount As Integer
        Try
            usercount = db.getDataSet(selstr).Tables.Item(0).Rows.Count
        Catch ex As Exception
            MessageBox.Show(ex.Message, "出现异常", MessageBoxButtons.OK,
            MessageBoxIcon.Error)
            Exit Sub
        End Try
        If usercount >= 1 Then
            database.loginuser = Trim(UsernameTextBox.Text)
            Me.Hide()
            Dim loginuser As String
            loginuser = database.loginuser
            mdiform1.ToolStripStatusLabel1.Text = "当前用户:" + loginuser
            If loginuser.Substring(0, 1) = "s" Then
                mdiform1.menuquerystudinfo.Enabled = True
                mdiform1.menumanagestudinfo.Enabled = False
            ElseIf loginuser.Substring(0, 1) = "t" Then
                mdiform1.menuquerystudinfo.Enabled = False
```

```
                mdiform1.menumanagestudinfo.Enabled = True
            End If
            mdiform1.Show()
        Else
            MessageBox.Show("用户名或密码错误!", "用户名或密码错误",
            MessageBoxButtons.OK, MessageBoxIcon.Warning)
        End If
    End Sub
End Class
```

4. 实现学生用户信息管理功能

在图 12-14 所示的左图中,可以看到学生用户信息管理包括学生用户信息的查询和学生个人信息的修改。

(1) 学生用户信息查询。可以查看当前登录的学生用户的个人信息、选课信息和成绩,如图 12-16 所示。

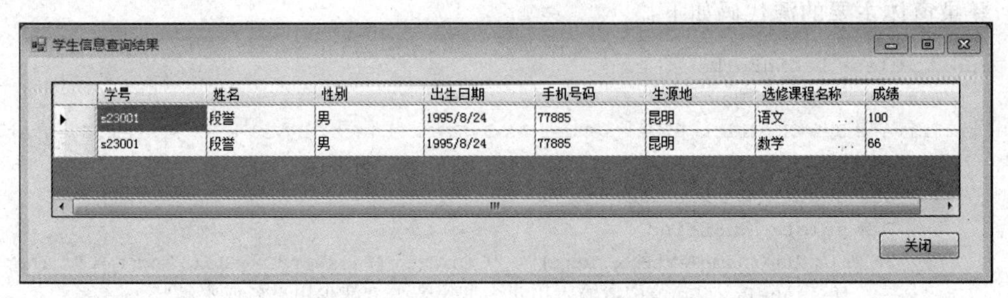

图 12-16　学生信息查询结果

窗体上放置 DataGridView 控件,AllowUserToAddRows 属性和 AllowUserToDeleteRows 属性都设置为 False,ReadOnly 属性设置为 True,不允许用户添加、删除和修改数据。

学生用户信息查询主要源代码如下:

```
Public Class studqueryinfo
    Private Sub studqueryinfo_Load(ByVal sender As Object, ByVal e As System.
    EventArgs) Handles Me.Load
        Dim loginuser, selstr As String
        Dim db As New database
        loginuser = database.loginuser
        selstr = "select t_student.sno 学号,sname 姓名,ssex 性别,sbirthday 出生日
        期,smphoneno 手机号码,sbirthplace 生源地,cname 选修课程名称,score 成绩 from
        t_student inner join t_score on t_student.sno = t_score.sno inner join t_
        course on t_score.cno = t_course.cno where t_student.sno='" + loginuser + "'"
        Try
            DataGridView1.DataSource = db.getDataSet(selstr).Tables(0)
        Catch ex As Exception
            MessageBox.Show(ex.Message)
        End Try
    End Sub
End Class
```

（2）学生个人信息修改。学生登录用户只能修改除学号和姓名以外的信息，效果如图 12-17 所示。

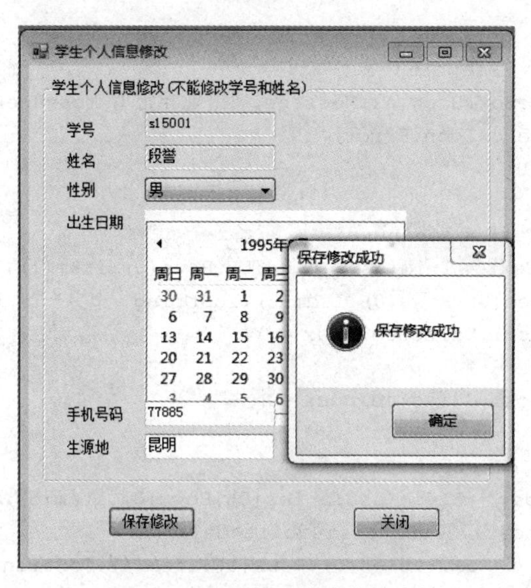

图 12-17 学生个人信息修改窗体

学生个人信息修改窗体上主要控件的属性设置如表 12-4 所示。

表 12-4 学生个人信息修改窗体上主要控件的属性设置

控件名称	放置内容	属性设置
TextBox1	学号	只读(ReadOnly 设置为 True)
TextBox2	姓名	只读(ReadOnly 设置为 True)
ComboBox1	性别	DropDownStyle 设置为 DropDownList,Items 里放入"男""女"
MonthCalendar1	出生日期	ShowToday 设置为 False
TextBox3	手机号码	MaxLength 设置为 11
TextBox4	生源地	MaxLength 设置为 10

主要源代码如下：

```
Public Class studpersonalinfo
    Dim loginuser As String
    Dim db As New database
    Dim studsex As String
    Dim studbirthday As Date
    Dim studphoneno As String
    Dim studbirthplace As String
    Dim ischange As Boolean
Private Sub studpersonalinfo_Load(ByVal sender As Object, ByVal e As System.
EventArgs) Handles Me.Load
        Dim selstr As String
        Dim ds As DataSet
        loginuser = database.loginuser
```

```
        selstr = "select t_student.sno,sname,ssex,sbirthday,smphoneno,
        sbirthplace from t_student where sno='" + loginuser + "'"
        Try
            ds = db.getDataSet(selstr)
        Catch ex As Exception
            MessageBox.Show(ex.Message, "出现异常", MessageBoxButtons.OK,
            MessageBoxIcon.Error)
            Exit Sub
        End Try
        TextBox1.Text = loginuser
        TextBox2.Text = Trim(ds.Tables(0).Rows(0).Item(1).ToString)
        If ds.Tables(0).Rows(0).Item(2).ToString = "男" Then
            ComboBox1.SelectedIndex = 0
        Else
            ComboBox1.SelectedIndex = 1
        End If
        studsex = ComboBox1.Text
        studbirthday = CType(ds.Tables(0).Rows(0).Item(3), DateTime)
        MonthCalendar1.SetDate(studbirthday)
        studphoneno = ds.Tables(0).Rows(0).Item(4).ToString
        TextBox3.Text = studphoneno
        studbirthplace = Trim(ds.Tables(0).Rows(0).Item(5).ToString)
        TextBox4.Text = studbirthplace
        ischange = False
    End Sub
    Private Sub Button1_Click(ByVal sender As System.Object, ByVal e As System.
    EventArgs) Handles Button1.Click
        If studphoneno <> Trim(TextBox3.Text) Then
            If IsNumeric(TextBox3.Text) = False Then
                MessageBox.Show("你输入的手机号码包含非数字字符,请重新输入!", "输入
                的手机号码错误", MessageBoxButtons.OK, MessageBoxIcon.Error)
                TextBox3.Text = ""
                TextBox3.Focus()
                Exit Sub
            End If
            ischange = True
            studphoneno = Trim(TextBox3.Text)
        End If
        If studsex <> ComboBox1.Text Then
            ischange = True
            studsex = ComboBox1.Text
        End If
        If studbirthday <> MonthCalendar1.SelectionStart Then
            ischange = True
            studbirthday = MonthCalendar1.SelectionStart
        End If
        If studbirthplace <> Trim(TextBox4.Text) Then
            ischange = True
            studbirthplace = Trim(TextBox4.Text)
        End If
```

```
            If ischange = True Then
                Dim selstr As String
                selstr = "update [t_student] set ssex='" + studsex + "',sbirthday='"
                + studbirthday.ToString() + "',smphoneno='" + studphoneno + "',
                sbirthplace='" + studbirthplace + "' where sno='" + loginuser + "'"
                Try
                    db.RunSqlcmd(selstr)
                Catch ex As Exception
                    MessageBox.Show(ex.Message, "出现异常", MessageBoxButtons.OK,
                    MessageBoxIcon.Error)
                    Exit Sub
                End Try
                MessageBox.Show("保存修改成功", "保存修改成功", MessageBoxButtons.OK,
                MessageBoxIcon.Information)
                ischange = False
            Else
                MessageBox.Show("你没有做任何修改", "未做任何修改", MessageBoxButtons.
                OK, MessageBoxIcon.Exclamation)
            End If
        End Sub
    End Class
```

5. 实现教师用户信息管理功能

在图 12-14 所示的右图中,可以看到教师用户信息管理具有较多功能,这里以"添加学生信息"和"修改删除学生信息"这两个功能为例进行说明。

(1) 添加学生信息。添加学生信息必须输入学号和姓名,其他信息可以不填,效果如图 12-18 所示。读者可以考虑在程序中调用存储过程实现学生个人信息的添加。

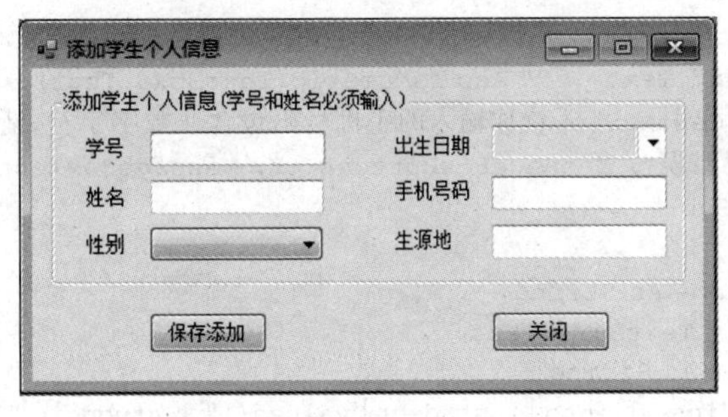

图 12-18　添加学生个人信息

添加学生个人信息窗体上主要控件的属性设置如表 12-5 所示。

表 12-5　添加学生个人信息窗体上主要控件的属性设置

控 件 名 称	放置内容	属性设置及说明
TextBox1	学号	只读(ReadOnly 设置为 True)
TextBox2	姓名	只读(ReadOnly 设置为 True)
ComboBox1	性别	DropDownStyle 设置为 DropDownList,Items 里放入"男""女"

续表

控件名称	放置内容	属性设置及说明
TextBox5	出生日期	只读(ReadOnly 设置为 True)
DateTimePicker1		放在 TextBox5 后面,将选择的日期赋值给 TextBox5
TextBox3	手机号码	MaxLength 设置为 11
TextBox4	生源地	MaxLength 设置为 10

主要源代码如下:

```
Public Class insertstud
    Private Sub Button1_Click(ByVal sender As System.Object, ByVal e As System.
    EventArgs) Handles Button1.Click
        If TextBox1.Text = "" Or TextBox2.Text = "" Then
            MessageBox.Show("学号和姓名必须输入", "缺少学号或姓名",
            MessageBoxButtons.OK, MessageBoxIcon.Exclamation)
            Exit Sub
        End If
        Dim studno As String
        studno = TextBox1.Text
        If Len(studno) <> 6 Or studno.Substring(0, 1) <>"s" Then
            MessageBox.Show("学号必须以 s 开头的 5 个数字", "缺少学号或姓名",
            MessageBoxButtons.OK, MessageBoxIcon.Exclamation)
            Exit Sub
        Else
            If IsNumeric(studno.Substring(1, 5)) = False Then
                MessageBox.Show("学号必须以 s 开头的 5 个数字", "缺少学号或姓名",
                MessageBoxButtons.OK, MessageBoxIcon.Exclamation)
                Exit Sub
            End If
        End If
        If TextBox3.Text <>"" And IsNumeric(TextBox3.Text) = False Then
            MessageBox.Show("你输入的手机号码包含非数字字符,请重新输入!", "输入的手
            机号码错误", MessageBoxButtons.OK, MessageBoxIcon.Error)
            Exit Sub
        End If
        Dim studname As String
        studname = TextBox2.Text
        Dim selstr As String
        selstr = "insert into [t_student] values('" + studno + "','" + studname + "'"
        If ComboBox1.Text <>"" Then
            selstr = selstr + ",'" + ComboBox1.Text + "'"
        Else
            selstr = selstr + ",null"
        End If
        If TextBox5.Text <>"" Then
            selstr = selstr + ",'" + TextBox5.Text + "'"
        Else
            selstr = selstr + ",null"
        End If
        If TextBox3.Text <>"" Then
```

```
            selstr = selstr + ",'" + TextBox3.Text + "'"
        Else
            selstr = selstr + ",null"
        End If
        If TextBox4.Text <>"" Then
            selstr = selstr + ",'" + TextBox4.Text + "')"
        Else
            selstr = selstr + ",null)"
        End If
        Dim db As New database
        Try
            db.RunSqlcmd(selstr)
        Catch ex As Exception
            MessageBox.Show(ex.Message)
            Exit Sub
        End Try
        MessageBox.Show("添加学生个人信息成功", "添加成功", MessageBoxButtons.OK,
        MessageBoxIcon.Information)
        TextBox1.Text = ""
        TextBox2.Text = ""
        ComboBox1.SelectedIndex = -1
        TextBox5.Text = ""
        TextBox3.Text = ""
        TextBox4.Text = ""
    End Sub
End Class
```

(2) 修改删除学生信息。修改删除学生信息窗体具有查询功能，可以查询到所有学生的信息，也可以查询符合条件的学生信息。查询之后，在查询结果中进行选择，选择要进行修改或者删除的学生。修改学生信息时，为了简化代码的编写，不允许修改学号，效果如图 12-19 所示。窗体上主要控件的属性设置如表 12-6 所示。

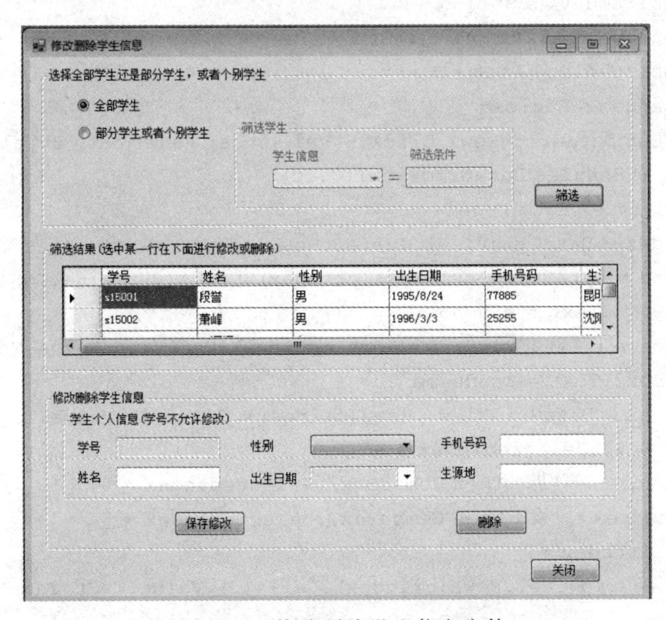

图 12-19　修改删除学生信息窗体

表 12-6 修改删除学生信息窗体上各控件的属性设置

控件名称	放置内容	属性设置及说明
ComboBox1	学生信息	DropDownStyle 设为 DropDownList，Items 学生表的列的别名
TextBox1	筛选条件	输入筛选条件
DataGridView1	筛选结果	AllowUserToAddRows 和 AllowUserToDeleteRows 都设置为 False，ReadOnly 设置为 True
TextBox6	学号	只读(ReadOnly 设置为 True)
TextBox2	姓名	MaxLength 设置为 10
ComboBox2	性别	DropDownStyle 设置为 DropDownList，Items 里放入"男""女"
TextBox5	出生日期	只读(ReadOnly 设置为 True)
DateTimePicker1		放在 TextBox5 后面，将选择的日期赋值给 TextBox5
TextBox3	手机号码	MaxLength 设置为 11
TextBox4	生源地	MaxLength 设置为 10

修改删除学生信息的主要源代码如下：

```
Imports System.Data.SqlClient
Public Class updatestud
    Dim sqlcon As SqlConnection
    Dim sda As SqlDataAdapter
    Dim ds As New DataSet
    Dim getdatasetstr As String
    Dim studno As String
    Dim studname As String
    Dim studsex As String
    Dim studbirthday As String
    Dim studphoneno As String
    Dim studbirthplace As String
    Dim ischange As Boolean
    Private Sub DataGridView1_Click(ByVal sender As Object, ByVal e As System.
    EventArgs) Handles DataGridView1.Click
        Dim crindex As Integer
        crindex = DataGridView1.CurrentRow.Index
        studno = DataGridView1.Rows(crindex).Cells(0).Value.ToString
        TextBox6.Text = studno
        studname = DataGridView1.Rows(crindex).Cells(1).Value.ToString
        TextBox2.Text = studname
        studsex = DataGridView1.Rows(crindex).Cells(2).Value.ToString
        ComboBox2.SelectedIndex = -1
        If studsex = "男" Then ComboBox2.SelectedIndex = 0
        If studsex = "女" Then ComboBox2.SelectedIndex = 1
        studbirthday = ""
        If DataGridView1.Rows(crindex).Cells(3).Value.ToString <>"" Then
        studbirthday = CDate(DataGridView1.Rows(crindex).Cells(3).Value).
        ToShortDateString
```

```
        TextBox5.Text = studbirthday
        studphoneno = DataGridView1.Rows(crindex).Cells(4).Value.ToString
        TextBox3.Text = studphoneno
        studbirthplace = DataGridView1.Rows(crindex).Cells(5).Value.ToString
        TextBox4.Text = studbirthplace
        ischange = False
    End Sub
    Private Sub Button1_Click_1(ByVal sender As System.Object, ByVal e As System.
    EventArgs) Handles Button1.Click
        getdatasetstr = "select sno 学号,sname 姓名,ssex 性别,sbirthday 出生日期,
        smphoneno 手机号码,sbirthplace 生源地 from t_student"
        If RadioButton2.Checked = True Then
            If ComboBox1.SelectedIndex = -1 Or TextBox1.Text = "" Then
                MessageBox.Show("请选择学生信息并输入筛选条件","没有选择学生信息或
                    者输入筛选条件", MessageBoxButtons. OK, MessageBoxIcon.
                    Exclamation)
                Exit Sub
            End If
            Dim filter As String
            filter = TextBox1.Text
            getdatasetstr = getdatasetstr + " where "
            Select Case ComboBox1.SelectedIndex
                Case 0
                    getdatasetstr = getdatasetstr + "sno='" + filter + "'"
                Case 1
                    getdatasetstr = getdatasetstr + "sname='" + filter + "'"
                Case 2
                    getdatasetstr = getdatasetstr + "ssex='" + filter + "'"
                Case 3
                    getdatasetstr = getdatasetstr + "sbirthday='" + CDate
                    (filter).ToShortDateString + "'"
                Case 4
                    getdatasetstr = getdatasetstr + "smphoneno='" + filter + "'"
                Case 5
                    getdatasetstr = getdatasetstr + "sbirthplace='" + filter + "'"
            End Select
        End If
        Try
            sqlcon = New SqlConnection(database.constr)
            sqlcon.Open()
            sda = New SqlDataAdapter(getdatasetstr, sqlcon)
        Catch ex As Exception
            MessageBox.Show(ex.Message, "出现异常", MessageBoxButtons.OK,
            MessageBoxIcon.Error)
            sqlcon.Close()
            Exit Sub
        End Try
        ds.Clear()
```

```
        sda.Fill(ds)
        sda.FillSchema(ds, SchemaType.Mapped)
        DataGridView1.DataSource = ds.Tables(0)
        sqlcon.Close()
        ComboBox1.SelectedIndex = -1
        TextBox1.Text = ""
        TextBox6.Text = ""
        TextBox2.Text = ""
        ComboBox2.SelectedIndex = -1
        TextBox5.Text = ""
        TextBox3.Text = ""
        TextBox4.Text = ""
    End Sub
    Private Sub Button3_Click(ByVal sender As System.Object, ByVal e As System.
    EventArgs) Handles Button3.Click
        If TextBox6.Text = "" Then
            MessageBox.Show("请先选中要删除的学生", "没有选中要删除的学生",
            MessageBoxButtons.OK, MessageBoxIcon.Exclamation)
            Exit Sub
        End If
        studno = TextBox6.Text
        Dim dr As DataRow
        dr = ds.Tables(0).Rows.Find(studno)
        dr.Delete()
        Dim sqlcom As SqlCommandBuilder
        sqlcom = New SqlCommandBuilder(sda)
        Try
            sda.Update(ds)
            ds.AcceptChanges()
        Catch ex As Exception
            MessageBox.Show(ex.Message, "出现异常", MessageBoxButtons.OK,
            MessageBoxIcon.Error)
            Exit Sub
        End Try
        DataGridView1.Refresh()
        MessageBox.Show("删除成功", "删除成功", MessageBoxButtons.OK,
        MessageBoxIcon.Information)
        TextBox6.Text = ""
        TextBox2.Text = ""
        ComboBox2.SelectedIndex = -1
        TextBox5.Text = ""
        TextBox3.Text = ""
        TextBox4.Text = ""
    End Sub
    Private Sub Button2_Click(ByVal sender As System.Object, ByVal e As System.
    EventArgs) Handles Button2.Click
        If TextBox6.Text = "" Then
            MessageBox.Show("请先选中要修改的学生", "没有选中要修改的学生",
```

```
            MessageBoxButtons.OK, MessageBoxIcon.Exclamation)
            Exit Sub
        End If
        studno = TextBox6.Text
        Dim dr As DataRow
        dr = ds.Tables(0).Rows.Find(studno)        '定位到数据集中表的选中行
        If studphoneno <> Trim(TextBox3.Text) Then
            If IsNumeric(TextBox3.Text) = False Then
                MessageBox.Show("你输入的手机号码包含非数字字符,请重新输入!", "输入
                的手机号码错误", MessageBoxButtons.OK, MessageBoxIcon.Error)
                TextBox3.Text = ""
                TextBox3.Focus()
                Exit Sub
            End If
            ischange = True
            studphoneno = Trim(TextBox3.Text)
            dr.BeginEdit()
            dr.Item(4) = studphoneno
            dr.EndEdit()
        End If
        If studname <> TextBox2.Text Then
            ischange = True
            studname = TextBox2.Text
            dr.BeginEdit()
            dr.Item(1) = studname
            dr.EndEdit()
        End If
        If studsex <> ComboBox2.Text Then
            ischange = True
            studsex = ComboBox2.Text
            dr.BeginEdit()
            dr.Item(2) = studsex
            dr.EndEdit()
        End If
        If studbirthday <> TextBox5.Text Then
            ischange = True
            studbirthday = TextBox5.Text
            dr.BeginEdit()
            dr.Item(3) = studbirthday
            dr.EndEdit()
        End If
        If studbirthplace <> TextBox4.Text Then
            ischange = True
            studbirthplace = TextBox4.Text
            dr.BeginEdit()
            dr.Item(5) = studbirthplace
            dr.EndEdit()
        End If
```

```
            If ischange = True Then                '修改完以后统一更新到数据库
                Dim sqlcom As SqlCommandBuilder
                sqlcom = New SqlCommandBuilder(sda)
                Try
                    sda.Update(ds)
                    ds.AcceptChanges()
                Catch ex As Exception
                    MessageBox.Show(ex.Message, "出现异常", MessageBoxButtons.OK,
                    MessageBoxIcon.Error)
                    Exit Sub
                End Try
                DataGridView1.Refresh()
                MessageBox.Show("保存修改成功", "保存修改成功", MessageBoxButtons.OK,
                MessageBoxIcon.Information)
                ischange = False
            Else
                MessageBox.Show("你没有做任何修改", "未做任何修改", MessageBoxButtons.
                OK, MessageBoxIcon.Exclamation)
            End If
        End Sub
    End Class
```

对于其他窗体,请读者参照所给出的窗体设计和代码设计自行完成。

思政小课堂

团结协作,合作共赢

应用程序的开发需要很多的编码与调试,比较繁重、枯燥,应该采用模块化的方式,不同的人完成不同的模块,最后由专人进行模块的统一适配,所以应该发扬团队协作的精神,合作共赢,事半功倍地完成应用开发任务。

团结就是力量,合作才能共赢。合作是人类文明进步的一种基本方式,没有合作就没有人类文明的产生和发展。在全球化时代,国际交往日益密切,疫情扩散的速度更快。美国作家理查德·普雷斯顿在《血疫:埃博拉的故事》一书中写道:“文明与病毒之间只隔了一个航班的距离。来自热带雨林的危险病毒可在24小时内乘飞机抵达地球上的任何城市。”新冠肺炎疫情已经快速波及全球180多个国家和地区。面对疫情的威胁,努力控制疫情在世界扩散蔓延是全世界的共同目标。世卫组织总干事谭德塞认为:“如果我们现在就采取行动,这场史无前例的疫情是可以被击败的。要做到这一点,需要在全球团结和协作的驱动下作出前所未有的回应。”关键时刻,我们需要用科学战胜愚昧,更呼吁用合作抵制偏见。

拓 展 训 练

一、实践题

延续项目10的拓展训练实践题,参考任务12-1和任务12-2,完成下面的训练内容。

(1) 设计一个简单的教师授课管理系统，数据库用前面项目拓展训练实践题所完成的教师授课数据库，开发工具使用 Visual Studio 2012 中的 Visual Basic，通过 ADO.NET 连接数据库并实现数据的插入、修改、查询和删除操作。

(2) 设计一个简单的图书借还管理系统，数据库用前面项目拓展训练实践题所完成的图书借还数据库，开发工具使用 Visual Studio 2012 中的 Visual Basic，通过 ADO.NET 连接数据库并实现数据的插入、修改、查询和删除操作。

二、理论题

1. 填空题

(1) SQL Server 提供的应用程序接口 ODBC 的含义是________。

(2) 对应于 ODBC 的 DSN 的含义是________。

(3) ADO.NET 的完整名称是________。

(4) SQL Server 提供的应用程序接口 JDBC 的含义是________。

2. 简答题

(1) 如何创建 ODBC 数据源？

(2) 用户 DSN、系统 DSN 和文件 DSN 有何不同？

(3) 什么是数据集？

(4) 如何使用 JDBC 访问数据库？

参 考 文 献

[1] 贾祥素. SQL Server 数据库(微课视频版)[M]. 北京：清华大学出版社，2021.

[2] 刘媛媛. SQL Server 2019 从入门到精通(微课视频版)[M]. 北京：中国水利水电出版社，2022.

[3] http://www.csdn.net/.

[4] http://msdn.microsoft.com/zh-cn/default.aspx.

[5] http://baike.baidu.com.